우리는 2022년 단일 산불로는 진화 시간 최장 기록을 세운
울진·삼척 산불을 기억한다. 최근 산불은 봄철뿐 아니라 연중
발생하며 점차 대형화되는 모습을 보이고 있다. 산불이 나는

로 인해 산불 발생 위험성이 점차
결과에 따르면, 기상요인에
상지수가 최근 20년간 점점
기온이 1.5℃ 상승하면 8.6%,
2℃ 상승하면 13.5%가 증가하여 한반도에도 동시다발성 산불이
급증할 것으로 전망된다. 게다가 1970년대 산림녹화 사업이
성공하면서 산림 안에 쌓인 나무의 부피(임목축적)가 15배 이상
증가했다. 일단 산불이 발생하면 탈 수 있는 연료가 많은 까닭에
예전보다 대형화될 수밖에 없는 상황이다.

2022년 유엔환경계획(UNEP) 보고서는 통합적 산불 관리의
중요성을 강조한다. 통합적 산불 관리는 기존의 진화, 즉 대응
중심의 산불 관리에 계획, 예방, 대비, 복구를 함께 고려하는
것이다. 미국 산림청이 숲가꾸기에 중점을 두고 연간 연료관리
예산을 24억2천만 달러 투입하기로 한 것이 대표적인 사례이다.
국가산불위험예보시스템을 구축해 산불 대응 및 진화에서는
선진국 기술 수준에 도달했다는 국제적 평가를 받고 있는 우리
국립산림과학원도 앞으로는 통합적 산불 관리로 전환하기 위한
연구에 집중할 계획이다.

산불 환경 변화와 정책 동향에 발맞추어 과학적 근거를 바탕으로
한 이 책을 ㈔한국산림과학회와 국립산림과학원의 전문가가
공동으로 발간하게 된 것을 진심으로 축하한다. 이 책이 우리나라의
산불을 이해하고 통합적 산불 관리를 구축하는 데 신뢰할만한 근거
자료로 사용될 수 있기를 바란다. 정부가 인명과 산림에 큰 피해를
주는 산불의 원인과 확산·피해 과정을 과학적으로 파악하고 대책을
마련하는 데 좋은 참고가 될 것이다.

국립산림과학원장 배재수

올해에도 어김없이 산불 소식이 이어지고 있다. 사실 근래에는 여름 한 철을 제외하고는 일 년 내내 산불 관련 보도가 끊이지 않는 것 같다. 우리나라 국토의 62% 이상이 산림인데다 산림과 인접 지역에서 휴양활동과 거주 및 영농 행위 등이 꾸준히 증가한 탓이다. 대부분의 산불은 다른 화재와 마찬가지로 사람의 부주의에 의해 발생한다.

근래의 산불 동향은 이례적이다. 2022년 유럽과 미국 서부 지역을 휩쓴 산불을 포함하여 올해 2월에 발생한 칠레의 산불 등은 더욱 대형화되고 장기적이며 훨씬 광범위한 피해를 일으키는 사회 재난의 모습을 보이고 있다.

이러한 때에 ㈔한국산림과학회에서 이 책을 출간하는 것은 매우 특별한 의미를 갖는다. ㈔한국산림과학회는 우리나라의 산림과학 및 임업 관련 학회 중 처음으로 1960년 창립되어 치산녹화를 포함한 산림정책의 든든한 학문적 기반이 되어왔다. 이 책은 산불에 대한 일반적인 이해와 함께 기후변화에 따른 최신 산불 동향과 이에 대응하기 위한 산림관리와 산불 진화 전략 및 조직을 포함한 산불 정책까지 포괄적으로 다루고 있다.

산불과 같은 인위적인 재난은 예방의 중요성이 더욱 강조되어야 하는 분야이다. 이러한 관점에서 국민이 산불에 대해 명확하게 이해할 수 있는 책이 이제서야 출간된다는 것은 오히려 늦은 감이 있다. 그러나 이러한 투정에도 불구하고 기후변화에 따라 더욱 위태로워지고 있는 우리 숲을 산불로부터 지켜야만 한다는 산림전문가들의 열정이 담긴 이 책의 가치가 손상되지는 않는다고 자신한다. 평소에도 이런 책이 꼭 필요하다고 생각하던 사람으로서 한장 한장 읽을 때마다 정성이 담긴 선물을 받는 심정이었다.

혼자서 할 수 있는 일은 없다는 것을 잘 알고 있기에 책을 묶기 위해 수고한 모든 분에게 열렬한 독자를 대신하여 진심으로 감사의 말씀을 전한다.

한국산불방지기술협회장 이규태

산불 관리의
과학적 근거

일러두기

1. 맞춤법과 외래어 표기법은 국립국어원의 용례를 따랐다.
   다만, 전문용어와 고유명사(기관명, 보고서명 등)의 경우 연구서나
   논문에서 통용되는 방식을 따랐다. 또한 출처와 자료의 외국 인명과
   외국 지명은 국문을 병기하지 않고 원어 그대로 썼다.
2. 본문에서 단행본은 겹화살괄호(《 》)를, 보고서와 논문, 선언문, 법은
   홑화살괄호(〈 〉)를 썼다. 프로젝트와 사업명 등은 작은따옴표(‘ ’)를 썼다.
3. 식물과 동물의 학명은 이탤릭체를 썼다. 필요한 경우, 명명자를 표기했다.
4. 본문에서 언급되는 달러는 미국 달러이다. 그렇지 않은 경우는 별도로
   표기했다.

산불 관리의 과학적 근거

이창배 강원석 권춘근 김성용 김은숙
노남진 류주열 박병배 박주원 서경원
안영상 우수영 이선주 이예은 임주훈
장미나 채희문 한시호 이해인 한송희

지을

차례

2 산불 피해 방지와 복원

3 산불의 과거와 현재, 미래

최근 몇 년 사이, 우리는 전 세계적으로 발생한 엄청난 규모의 산불과 이를 진화하기 위한 세계 각국의 힘겨운 싸움을 종종 접하곤 했다. 2019년 9월부터 2020년 2월까지, 6개월에 걸쳐 지속된 호주 산불은 우리나라 국토 면적보다 큰 대지를 파괴하며 엄청난 인명 및 재산 피해로 이어졌고, 야생동물 피해도 30억 마리에 달했다. 2021년 7월 미국 캘리포니아에서 발생한 딕시 Dixie 산불은 캘리포니아 역사상 두 번째로 큰 산불로 기록되었으며, 서울시 면적의 다섯 배가 넘는 대지를 잿더미로 만들었다.

우리나라에서도 2022년 3월 4일 경북 울진에서 시작된 산불이 강원도 삼척까지 번지면서 1만5천 헥타르가 넘는 숲이 시커먼 재로 변했다. 울진·삼척 산불로 일컬어지는 이 산불은 역대 최장 지속 시간이라는 기록을 세우며 2000년 동해안 지역에서 발생한 산불과 더불어 역대 최악의 산불로 국민들에게 각인되었다. 울진·삼척 산불은 열흘간 지속되며 산불이라는 재난을 국민들에게 확실히 인식시켰다. 산림뿐 아니라 인접한 마을과 도시 그리고 주요시설까지 순식간에 엄청난 피해를 보았기 때문이다. 이는 산불과 산림에 대한 국민의 관심을 높이는 계기이자 논쟁의 시작이 되었다. 산불 예방과 진화, 숲가꾸기, 피해지 복원, 산불 관리 조직 등 우리나라의 산불 정책과 주요 활동에 대한 전반적인 관심이 고조된 것이다. 정부, 학계, 환경단체 등 각기 다른 계층에서 서로 다른 의견을 내놓았는데 이 과정에서 잘못된 정보가 무분별하게 확산되면서 오해와 갈등을 일으키기도 하였다.

산불의 연중화와 대형화는 기후변화의 산물이다. 기후변화로 인한 폭염과 가뭄이 나무에 불이 붙기 쉽고 확산되기 쉬운 조건을 만든다. 기후변화가 산불을 촉진하듯 산불도 기후변화의 기폭제 역할을 한다. 산불이 발생하면 엄청난 양의 이산화탄소가 대기 중으로 배출되어 지구온난화를 촉진하고, 지구온난화로 인한 기후변화가 다시 산불의 연중화와 대형화를 촉진하는 악순환의 고리가 형성되기 때문이다. 기후변화와 그로 인한 기후재난인 산불을 줄이기 위해 가장 중요한 것은 산림의 지속가능성을 높이는 관리 기술과 이를 실현하는 산림과학의 발전이다.

《산불 관리의 과학적 근거》는 ㈔한국산림과학회 소속 산불 및 산림과학 전문가들이 모여 산불과 관련된 논쟁을 과학적인 근거에 바탕해 객관적으로 바라볼 수 있도록 길잡이 역할을 하고자 발간한 책이다. 그래서 국내외의 산불 관련 논문과 보고서 등 다양한 문헌들을 바탕으로 산불 예방, 진화, 복원과 관련된 최신 동향, 연구결과 및 우리나라의 노력을 과학적 근거와 사실 중심으로 접근하고자 하였다.

이 책은 크게 세 부분으로 나뉜다. 1부에서는 산불의 역사와 정의, 국내외 주요 산불의 발생 현황 및 환경적·경제적 피해 규모를 살펴보는 한편 기후변화에 따른 미래의 산불 발생 예측과 관련된 연구결과를 살펴보았다.

2부는 산림관리 측면에서 산불 피해 저감, 산불 진화와 피해지 복원을 다루었다. 우선 논란이 되었던 숲가꾸기가 산불 피해를 줄이는 데 어떻게 기여하는 지를 다양한 연구결과를 통해 살펴보았다. 이어 산불 진화 방법과 기술, 산불과 일반화재 진화의 차이를 통해 일반화재와 달리 산림청에서 대응하는 산불 업무의 특수성을 고찰했다. 이어 산불피해지를 복원하는 방법과 목표, 방향을 소개했다.

3부에서는 우리나라 산림의 특성과 정책을 바탕으로 향후 발전 방향과 과제를 제시했다. 우리나라 산림이 산불에 취약한 소나무림으로 유지되는 이유와 기후변화에 따른 소나무림의 변화, 소나무의 가치를 살펴봄으로써 활엽수림으로 무조건 갱신하기보다는 적절한 관리와 보호가 필요한 이유를 보여주고자 했다. 마지막으로 우리나라 산불 정책의 역사와 추진전략, 성과를 바탕으로 향후 발전 방향과 남은 과제를 제안했다.

저자들은 이 책에서 산불의 역사와 현재, 미래를 과학과 환경 측면은 물론 사회·경제와 정책적인 면까지 두루 살피고자 했다. 그러나 산불이라는 엄청난 주제를 모두 담기에는 여전히 부족하다. 보태야 할 것과 비판까지도 저자들은 겸허히 받아들인다. 다만, 기후재난인 산불을 더욱 객관적으로 바라보고 제대로 알리고자 노력한 시간이 이 책을 빌어 전해지기를 바란다. 이 책을 준비하는 과정은 저자 일동에게 앞으로 집중하고 해결해야 할 숙제를 파악하고 이를 해결하기 위해 우리 산림과학계가 더욱 힘차고 활기차게 도약해야 한다는 것을 다짐하는 계기가 되었다. 부디 독자들에게도 우리 산림의 현실을 살피며 미래를 준비하는 계기가 되기를 바란다.

마지막으로 이 책이 과학적 근거에 기반하여 체계적으로 집필되고 출판될 수 있도록 도와주신 산림청, 국립산림과학원, ㈔한국산림과학회 그리고 저자들 소속기관의 모든 관계자들께 깊은 감사의 말씀을 드린다.

2023년 4월

대표 저자 이창배

1

산불의 발생과 피해

불은 신화와 문학에서 인간 삶의 토대이자 두려움의 대상으로 나타난다. 인간은 불을 사용하면서 동물보다 우위에 설 수 있었다. 인간이 불을 사용한 흔적은 고생대부터 발견할 수 있다. 식물이 정착하고 산림이 발달하면서 자연 산불이 일어났고 현생인류가 출현한 후에는 인위적인 산불로 숲을 우거지게 하는데 도움을 주기도 했다. 우리 역사 안에서는 선사시대부터 불을 사용해왔으며, 장기 산불에 대한 기록은 삼국시대부터 존재한다. 고려시대에는 산불 방지대책을 마련했고 조선시대에는 지금과 같이 봄철 동해안 산불이 자주 발생해 산불 예방을 위한 다양한 조치를 했다.

1장.
역사 속의 산불

글.
이창배(국민대학교 산림환경시스템학과 교수)
우수영(서울시립대학교 환경원예학과 교수)
이해인(국민대학교 기후기술융합학과 박사 과정)

1. 태초의 불

그리스·로마 신화에 의하면 인간에게 불을 전해준 것은 프로메테우스이다. 인간을 유독 사랑했던 그는 제우스 몰래 두 번이나 불을 훔쳐 인간에게 건넸다. 덕분에 인간은 동물보다 강력한 능력을 발휘할 수 있게 되었지만, 프로메테우스는 절벽에 묶인 채 매일 독수리에게 간을 먹이로 내주어야 하는 형벌을 받게 되었다. 불교에서는 생쥐가 불의 근원을 묻는 미륵에게 돌을 이용한 발화법을 알려줌으로써 세상이 불을 사용하게 되었다고 전해진다.

고대 이집트 신화에는 불사조phoenix가 등장한다. 불사조는 삶이 끝날 때 장작더미에 자신을 올려 제물로 바쳤고, 장례를 위한 불의 잿더미에서 새로운 불사조가 나타났다고 전해진다. 불사조를 태양신 라의 영혼으로 보는 이집트 신화에서는 매일 해가 뜨고 지는 것처럼 삶과 죽음을 연속선상에 둔다. 이런 인식은 현대 문학으로도 이어진다. 21세기의 대표 판타지 소설로 불리는 조앤 롤링의 《해리포터》 시리즈에서도 피닉스는 죽을 때가 되면 불에 타 재가 되고, 그 재 속에서 어린 피닉스로 새로 태어난다. 동양의 음양오행 사상은 불을 오행五行 즉, 5가지 기본 원소(불, 나무, 물, 흙, 쇠)로 보며 자연과 인간의 탄생을 포함한 우주 만물의 변화를 설명하기도 한다.

신화와 지역의 차이가 있기는 하지만, 불은 공통적으로 인간 삶의 토대로 여겨져 왔다. 그래서인지 두려움의 대상이기도 하다. 고대 페르시아의 조로아스터교는 불을 신앙의 대상으로 숭배하여 배화교拜火敎라 불리기도 하였다.

2. 산불 연대기

인간은 불을 사용하면서부터 동물과 구별되는 능력을 지니게 되었다. 문명의 시작을 기원전 2,000~3,000년경인 청동기로 본다. 금속을 녹일 수 있을 정도로 불을 잘 다룰 수 있게 되면서 인간은 신체적인 열세에도 불구하고 동물보다 강력한 능력을 발휘할 수 있게 되었다. 하지만 인류가 불을 사용한 흔적은 이보다 훨씬 이전인 지질시대로 거슬러 올라간다.

지질시대를 따라 산불의 역사를 추적할 때는 보통 목탄이나 꽃가루와 같은 탄화된 식물 화석을 근거로 분석한다. 여기서 주의할 점은 기록된 화석의 양이 실제 산불 발생 빈도를 온전히 대변한다고 보기는 어렵다는 것이다. 시대의 환경에 따라 화석 생성 조건을 충족하지 못했거나 아직 화석이 발견되지 않은 것일 수도 있기 때문이다.

고생대

실루리아기 ✓ 식물 정착

숯 화석fusain 기록에 의하면 관다발식물은 실루리아기 후기에 처음으로 육지에 정착한 것으로 보인다. 그러나 대부분 크기가 작아 불을 지속시킬만한 연료를 충분히 제공하기는 어려웠을 것이라 알려져 있다.

데본기 ✓ 첫 번째 산불 발생

고생태학자들은 데본기 중기부터 낙엽litter이 쌓였을 것이라고 예측한다. 따라서 이 시기에 첫 번째 산불이 발생했을 가능성이 크다. 데본기 이전에는 목탄 퇴적물charcoal deposits에 대한 기록이 없기 때문이다.[1]

석탄기 ✓ 산림 발달, 산불 확산, 첫 번째 생태학적 재해 발생

광범위한 산불은 석탄기부터 발생했을 가능성이 크다. 이 시기에 육상식물이 대규모로 발생하여 거대한 산림이 존재했기 때문이다.[2] 이는 연료량 증가와 연료 분해 측면의 두 가지 학설로 설명할 수 있다. 데본기 후기 목본식물이 진화하고 산림이 형성되면서 그다음 시대인 석탄기에는 산불의 연료량이 증

가했을 가능성이 크다는 것이 첫 번째 학설이다.[3] 또 다른 학설은 데본기와 석탄기에는 목재의 리그닌을 분해할 수 있는 담자균류가 없었기 때문에 고생대와 중생대 초기에 떨어진 나뭇잎과 나뭇가지가 많이 쌓여 있었을 것이라는 점에서 산불이 광범위하게 발생했을 것이라고 추측한다.[4]

산불 확산에는 산소 농도도 영향을 미친다. 육상식물이 확산할수록 대기 중 산소 농도가 증가하는데, 산소 농도가 높을수록 산불이 더 많이 일어났으리

그림 1-1. 지구 지질시대의 대기 중 산소 구성 비율(Berner와 Canfield, 1989; Scott, 2000에서 재구성)

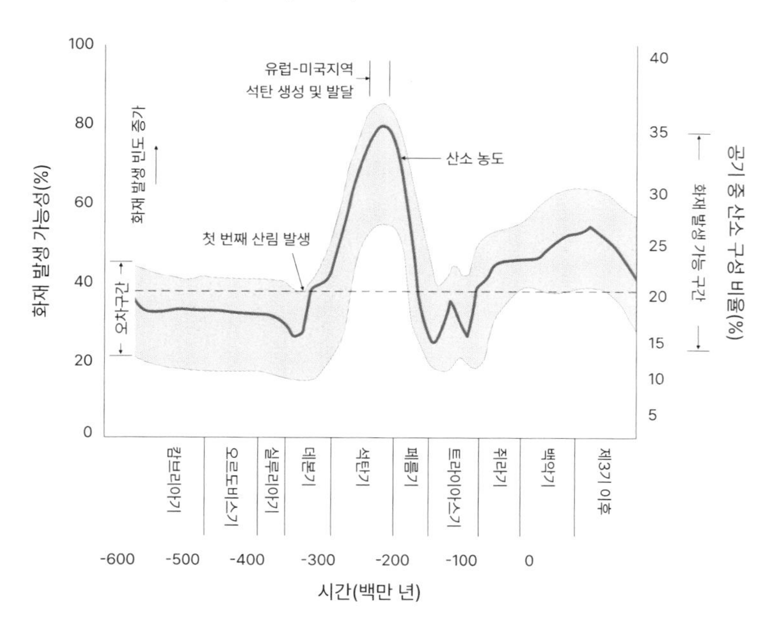

라 예상된다. 지질시대별 대기의 산소 농도를 살펴보면 고생대 초기에는 낮은 수준의 산소 농도가 유지되었고, 데본기부터 산소 농도가 상승해 석탄기에는 최소 26%에서 최대 35%까지 도달한 것으로 추측된다. 쉽게 발화할 수 있는 조건이 제공된 셈이다.[5] 따라서 대기 중 산소 농도가 가장 높은 시기였던 석탄기에는 산불 발생과 확산이 빈번했을 것이라 예상된다.

석탄기에는 대형 산불이 일어났는데, 이는 처음으로 관찰된 생태학적 재해였다. 아일랜드의 집수지역에서 산불이 연속 발생하면서 목탄과 침식된 토양이 해양 하구로 흘러 들어가 상당수의 물고기가 폐사했다는 연구결과가 있다.[6]

페름기

✓ 3차 대멸종 이후 산불 발생, 겉씨식물 번성

페름기에는 목재의 리그닌을 분해하고 나무를 갉아 먹는 생물과 고사한 나무를 분해할 수 있는 곰팡이 등이 출현하였다. 페름기 초기에는 산불을 암시하는 화석 기록이 존재한다. 페름기 후기에는 지구 생명체의 약 96% 이상이 멸종하는 지구 역사 최대 규모의 대멸종(3차 대멸종)이 일어났는데, 이 시기에 산불의 증거가 목탄을 포함해 다양한 연소 부산물의 형태로 광범위하게 나타난다.[7] 3차 대멸종 이후 1만5천~2만 년부터 수백만 년까지 연료 식물이 다양하게 증가하

그림 1-2. 페름기 후기 대멸종 전후의 생태적 천이의 재구성(Vajda 등, 2020)

1단계

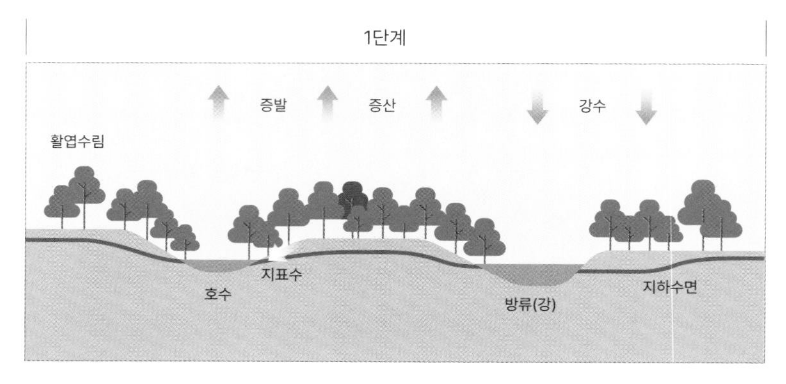

2~3단계

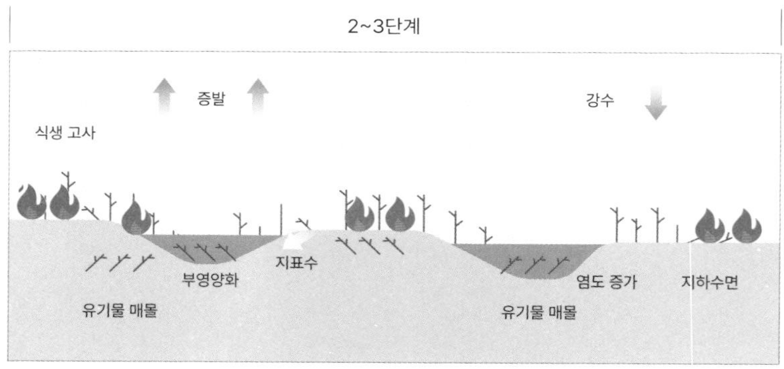

4단계

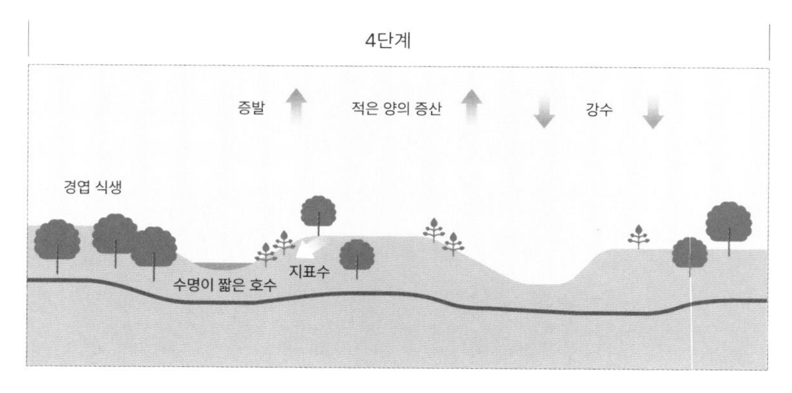

는 현상이 지속되었을 것으로 예상된다. 호주의 시드니 분지에서 페름기 후기 지층을 분석하여 유기물 및 화분 화석 집합체palynofacies를 기반으로 대멸종 당시와 이후의 회복 과정을 제시한 연구가 있다. 초기 양치식물glossopteris이 번성했던 페름기 후기의 전형적인 습지mire에서 대멸종 이후 생태계 황폐화, 유기물 분해 및 소실, 미생물 번성, 수변 지역의 조류algae 번성과 더불어 산불이 발생했다. 그 후 양치식물과 단단한 잎을 가진 겉씨식물이 우점하는 식생이 형성되었다.[8]

중생대

트라이아스기 ✓ 산소 농도 급감, 대멸종으로 식물 부족

이 시기에 목탄 기록과 고산불palaeo-wildfires에 대한 직접적인 증거는 거의 없다. 대기의 산소 농도는 급격히 줄어들었고, 대멸종으로 탄화 퇴적물이 쌓이는 한편 산불의 연료가 되는 식물도 부족해지고 목탄 분해 등으로 산불이 발생할 수 있는 여건이 아니었던 것으로 여겨진다.[9]

쥐라기 ✓ 산불 연료 다양화

기후가 온난하고 강수량이 많아 산림이 대규모

로 발달한 시기였다. 따라서 잠재적 연료 또한 많아 산불이 빈번하게 발생했을 가능성이 크다. 발견된 목탄 화석으로 유추해보면 산불은 주로 침엽수림에서 발생했을 것으로 예측되며, 특히 번개에 의한 발화가 침엽수가 왕성하게 자리 잡은 고지대의 식생을 파괴한 것으로 확인된다. 북해 지역에서는 침엽수 목탄과 양치류 파편이 발견되었으며[10] 잉글랜드에서는 소철류-은행나무-기타 침엽수 식물 군락이 불에 탄 흔적을 발견하였다.[11]

백악기

✓ 속씨식물 번성

목탄과 꽃 화석을 보면 백악기에는 양치식물과 침엽수뿐 아니라 속씨식물이 번성했다는 것을 알 수 있다.[12] 스웨덴과 미국에서 백악기 중기 산불로 추정되는 탄화된 목탄과 꽃 화석이 발견되었다.[13] 속씨식물이 꾸준히 확산하면서 백악기 후기에 우점한 덕에 이후 시기에 발견되는 속씨식물 화석의 양이 증가했다.

신생대

팔레오기와 네오기

✓ 식물 화석 기록 감소와 낮은 빈도의 산불 발생

신생대의 첫 번째 시기 팔레오기(고제3기)와 두 번째 시기인 네오기(신제3기)의 산불에 대한 화석

자료는 적은 편이다. 팔레오기와 네오기에 화재가 증가했다는 기록이 있으나, 이는 태평양 지역의 자료에만 근거하고 있다.[14] 이 시기에 발견된 화석 중 탄화된 식물의 비율은 5% 미만이며, 꽃 화석은 없는 것으로 보아 불에 타기 쉬운 식물의 기관은 아직은 화석으로 발견되지 않았거나 실제로도 적었을 것이라 예상된다.

팔레오기의 팔레오세와 에오세의 목탄 화석charcoal 자료 대부분은 석탄 함유 구성요소 분석coal sequences을 통해 획득되었다. 이 시기에 석탄에 함유된 화석화된 목탄inertinite◆의 비율은 8~29% 범위로, 이는 산불이 발생했음을 나타내는 지표이다.[15]

화석 기록 자체가 전반적으로 적은 시기로, 자연적인 산불의 발생 빈도가 전반적으로 줄어들었음을 의미한다. 이 시기의 숯 화석은 독일, 호주와 이탈리아, 기타 지역의 갈탄에서 발견되는데, 발견된 석탄에서 목탄 함량은 대체로 낮다.

제4기 ✓ 현생인류 출현, 인위적 산불로 원시림 천이에 일조

앞선 두 시기와 달리 신생대 제4기 후기의 목탄 화석 기록은 상당히 많이 남아있다. 이는 인류의 출현에 따른 발화와 관련되었을 가능성이 크다고 예상된다.

◆ 화석화된 목탄의 존재는 산불 발생을 의미해 지질학적 기록에서 중요하다.

불을 직접 일으켜 이용한 초기 인류는 신생대 플라이스토세(홍적세)에 살았던 호모 에렉투스로 알려져 있다.[16] 인류는 불을 사용하면서부터 추위와 맹수의 공격을 피할 수 있었고, 고기를 익혀 먹었다. 특히 이들은 산림에서 수렵과 채집을 하며 불을 사용했다. 작은 산불을 일으켜 숲을 개간하고 수확할 수 있는 자원을 확보하는 동시에 먹이를 탐색하는 동물들을 쉽게 사냥했던 것이다.[17]

홀로세(충적세)가 되면 현생인류인 호모 사피엔스가 출현한다. 이 시기에 불을 사용한 인간의 활동이 산림 형성에 일조한 것으로 보인다. 꽃가루 화석을 근거로 분석한 영국의 사례를 보면, 가연성 연료가 없는 저지대에서는 산불이 관찰되지 않았으나, 가연성 높은 산림이 형성된 고지대에서는 구석기 시대부터 인간이 불을 이용해 산림을 전략적으로 이용했을 것으로 추측하였다. 자연적·인위적 산불의 증가는 초기 홀로세의 토양을 변화시키고 산림 천이를 가능하게 했을 것으로 보는 견해도 있다.[18] 다만, 인간이 불을 사용한 이후의 시기에서 꽃가루와 목탄과 같은 화석 기록으로 산불과 화전을 구분하기는 어렵다는 한계가 있다.

모델링 연구에 따르면, 초기 홀로세의 산림 발달은 기후 조건에 영향을 받았으며 산불, 바람 등에 의해 빈번한 교란이 발생했을 것으로 예측된다.[19] 한편 중국 황허강 중류에서 발견된 홀로세 산불 기록과 기후변화에 관한 연구는 이 시기 산불이 습도 구배◆, 가연성 있는 바이오매스의 축적, 인간 활동의 시간적·공간적 분포와 밀접한 관련이 있다는 점을 암시한다.[20] 이러한 결과는 다른 지역에서 확인된 산불에 미치는 기후인자의 영향과 일치하며, 순 1차 생산성, 연료의 양, 조성 및 구조를 제어하는 온도와 강수의 중요성을 포함한다.[21]

◆
구배: 환경 조건의 기울기(gradient).
예를 들어, 습도 구배는 습도가 낮은 곳에서
높은 곳까지 기울기가 형성되는 것이다.

표 1-1. 지질시대에 따른 산불의 역사

대	기/세	주요 진화 사건	산불의 역사
고생대	캄브리아기	캄브리아기 대폭발로 생물다양성 증가	
	오르도비스기	무척추동물 번성	
	실루리아기	관다발식물 출현, 절지동물 육상 정착	
	데본기	겉씨식물 등장	첫 번째 산불 발생
	석탄기	산림 발달, 산소 농도 급증	산불 확산, 산불로 인한 첫 번째 생태학적 재해(피해) 발생
	페름기	겉씨식물 번성, 3차 대멸종으로 95%의 생물종 멸종	대멸종 이후 산불 발생
중생대	트라이아스기	산소 농도 급감, 대멸종으로 식물 부족	
	쥐라기	공룡 번성	산불 연료 다양화
	백악기	속씨식물 번성, 꽃 출현	
신생대	팔레오기(고제3기)	식물 화석 기록 감소, 빙하기 시작	
	네오기(신제3기)	빙하기 심화	낮은 빈도의 산불 발생
	제4기/플라이스토세	초기 인류의 불 사용	수렵과 채집에 불 사용, 작은 산불로 숲 개간
	제4기/홀로세	현생인류 출현	인위적 산불로 원시림 천이에 일조

3. 한국의 산불

우리나라 역사에서 자연적인 불에 대한 기록은 주로 궁궐이나 사찰 등에 대한 내용이다. 그나마 조선시대를 제외한 다른 시대의 기록은 미비하다.

선사시대

✓ 불 사용으로 생활양식 변화

인간은 구석기시대에 처음 불을 이용했다. 초기 인류에게 불은 두려움이었다. 산불, 화산 등 자연재해를 위협으로 느낀 것이다. 그러나 지능이 높아지면서 불을 사용하게 되었고 이는 인간의 수명과 생활양식을 변화시켰다.[22]

신석기시대에는 불에 적응한 인간이 직접 불을 일으킬 수 있는 발화기를 발명하였다. 불로 음식을 익혀 먹게 되자 영양 섭취가 증가하면서 생활 능력도 확대되었다. 밤에도 불을 피울 수 있게 되면서 군집 주거가 가능해졌고 신변의 안전도 도모할 수 있게 되었다. 특히 이 시기에는 점토를 불로 구워 만든 토기가 발명되었다.[23] 청동기시대에 이르면 인간은 불을 익숙하게 이용하게 되며, 전작과 논농사를 기초로 하는 농경 체제가 확립되었다.[24]

철기시대 전기

✓ 대형 산불 가능성

철의 보급은 문명의 발달을 가져왔으며, 고대 국가를 형성하고 제국으로 발전하는 근간이 된다. 철의 기원에는 다양한 가설이 존재하는데, 그 중 하나가 대형 산불 가설이다. 지표면의 철광석이 대형 산불을 만나 저절로 용해된 상태로 사람들에게 발견되었다는 견해이다. 고대 인류가 일으킬 수 있는 불의 온도와 철의 용융점 간에는 큰 차이가 있는데, 이 가설은 대규모 산불이 용광로 역할을 해 인간이 철을 이용하게 되었고 그로 인해 철기시대가 도래하였다고 본다.[25]

삼국시대

✓ 장기 산불 발생

이 시대에는 주로 건물에 대한 화재 기록이 많다. 최초의 화재 기록은 132년(신라 지마왕)에 일어난 궁궐 화재이다. 《삼국사기》에 따르면 600년대 신라에서는 장기간 산불이 발생했다. 609년(진평왕) 정월에 경주 모지악毛只嶽의 동토함산지에서 발생한 불이 10월이 되어서야 꺼졌으며,[26] 657년(무열왕)에는 경주 토함산에 불이 발생해 3년 동안 지속되었다는 기록이 있다.[27]

고려시대

✓ 도성 이동과 화입 금지

고려 1048년 봄, 동북면 환가현에서 발생한 산불이 성보와 창고, 민가까지 태우자 문종은 피해 복구를 위해 양촌으로 성을 옮겼으며,[28] 2월부터 10월 사이에는 산에 불을 놓는 화입을 금지했다.[29]

조선시대

✓ 봄철 동해안 지역에서 잦은 산불 발생

조선시대에도 지금과 같이 동해안 지역에서 산불이 가장 많이 발생(39건, 56%)했다.[30] 발생 건수로 보면 현종(14건)과 숙종(13건) 시대에 강풍으로 인한 산불 피해가 극심했다. 가장 큰 피해는 순조 4년(1804)에 발생한 강원도 동해안 산불로 사망자만 61명, 민가 2,600호가 소실되었다. 연중 산불이 가장 많이 발생한 기간은 4~5월로 현재와 유사하다.

✓ 산불 예방 및 처벌법 제정, 산림 보호(화소火巢 축조 및 방화선/벽 설치)

조선 초기에는 산불을 예방하는 법령을 제정하였고, 중기에는 소나무림 입화자에 대한 처벌법이 제정되었다. 후기에는 방화와 실화를 구분하여 법률을 차등 적용했다.[31] 방화자와 실화자는 유배, 관직 박탈, 효시 등의 처벌을 내렸고 관리지역 책임자 역시 문책을 받았다는 것이 《조선왕조실록》에 기록되어있다. 조선 초기에는 백성들의 화전 농업을 막으려 노력했지만, 숙종 원년(1675)에는 백성들의 생업을 고려한 민본정치의 하나로 일시적이나마 화전 금지령을 해제했다.

세조 재위 기간에는 광릉화소 등 일종의 흙 제방인 화소火巢를 축조했다. 또한 도성이나 종묘 등의 특정 건물을 보호하기 위해 일정 폭의 소나무숲을 벌채하여 방화선을 구축했다.[32] 성곽을 방화벽으로 활용하기도 했다. 성곽과 가까운 산림에서 발생한 불이 성 안쪽의 주거지역으로 확산되거나, 반대의 경우가 발생하지 않도록 석재를 증축한 것이다. 이때도 방화벽을 기준으로 안쪽으로 9m, 바깥쪽으로 18m 이내의 소나무를 벌채하였다. 또한, 각 도의 지방 관료가 산림, 특히 소나무림을 직접 단속하는 등 울창한 산림보전을 위해 노력했다.

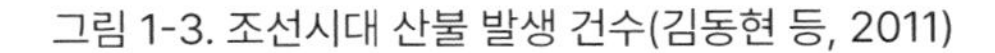
그림 1-3. 조선시대 산불 발생 건수(김동현 등, 2011)

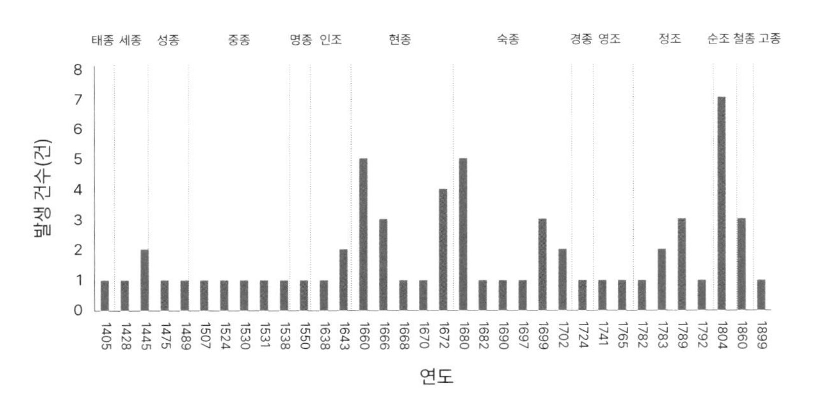

✓ 구화기계와 소방도구를 활용한 진화

한양에서 산불이 발생하면 금화군과 인근 백성들이 불을 끄는 구화기계와 각종 소방도구를 사용하여 진화했다. 특히, 종묘에 대해서는 철저하게 진화에 대비하였다. 세종 때는 지금의 소방차에 해당하는 구화기계를 제작해 배치하였으며, 성종 때는 방화벽 역할을 하는 담장 밖 13자(약 4m) 내에 있는 인가를 철거하는 등의 노력을 기울였다.

✓ 산불 피해목 활용

일반 백성은 산불 피해목을 활용할 수 없었고 피해목을 허가 받지 않고 벌채하는 것도 법으로 금지했다. 피해목은 병조의 진휼청에서 일괄 관리했으며 주로 제염 생산용 땔감, 병선 건조용, 건축 용재 등으로 활용했다.

산불이 발생하려면 연료, 공기, 열이 있어야 한다.
따라서 이 중 하나만 제거해도 산불이 지속되는 것을 막을 수 있다.
산불은 연소 부위와 특성에 따라 지표화, 수간화, 수관화,
지중화 및 비화로 구분되는데, 동시다발적으로 발생하기
때문에 종류를 구분하기는 쉽지 않다. 산불은 연료 물질의 존재,
기후·기상적 요인과 지형적 요인이 합쳐져 점차 빠른 속도로
확산되거나 쇠퇴하는 경향을 보인다.

2장.
산불의 정의와 종류

글.
이창배(국민대학교 산림환경시스템학과 교수)
우수영(서울시립대학교 환경원예학과 교수)
이해인(국민대학교 기후기술융합학과 박사 과정)

1. 산불

산불의 3요소

> 산림이나 산림에 잇닿은 지역의 나무, 풀, 낙엽 등이 인위적으로나 자연적으로 발생한 불에 의해 타는 것.
> ― 〈산림보호법〉 제2조 7호

법적 정의에 의하면 산불은 산림 내 가연성 물질인 낙엽, 낙지, 초본 및 나무 등이 산소 및 열과 결합하여 열, 빛, 이산화탄소, 물 등을 발생시키는 산화반응으로 광합성의 반대 현상으로 이해할 수 있다.

산불이 발생하려면 연료, 공기, 열이 있어야 한다. 역으로 말하면 산불의 3요소 중 하나만 제거해도 산불이 지속되는 것을 막을 수 있다.[33]

그림 1-4. 산불의 3요소(김종국 등, 2019에서 재구성)

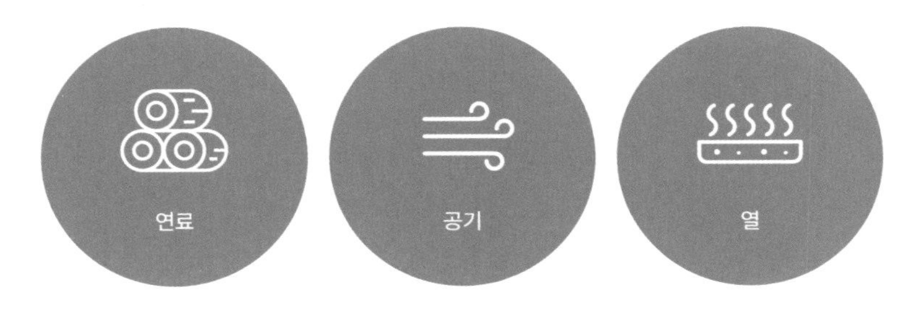

연료는 가연성이 있는 모든 물질(고체, 액체, 기체)로 산불을 지속시키며 연료의 수분 함량(함수율), 크기, 형태 등에 따라 산불의 확산과 강도에 영향을 미친다. 산불의 연료는 식물성 고체로, 습도 60% 이하일 때 쉽게 불이 붙고, 건조상태일수록 잘 연소된다. 공기 중에는 약 21%의 산소가 함유되어 있는데, 산소는 화학적으로 연료와 열을 결합시키는 산화 과정을 진행시킨다. 열은 불을 발생하게 하는 열(착화점)과, 불이 난 후 강렬한 연소가 진행되며 200~300℃ 이상에 달하는 2차 열(인화점)로 나뉜다.

산불의 연소 특성

산불은 연료 특히, 나무에 저장되어 있던 에너지가 빠르게 방출되는 화학적 반응의 결과로 예열, 발화, 연소의 단계를 거친다.

나무의 표면 온도가 100℃ 정도 되면 나무에 포함된 가스상 물질이 증발한다. 130~190℃에 도달하면 화학적 분해가, 260℃에서는 셀룰로스 분해, 280~500℃에서는 리그닌 분해가 시작되며, 온도에 따라 생성되는 물질이 다르다. 이처럼 열에너지가 나무에 도달하여 나무 표면의 수분과 나무에 포함된 가스상 물질을 증발시키고 화학적 분해와 열 분해를 일으키는 일련의 과정이 예열이다.

불꽃이 나무에서 나오는 가연성 가스상 물질과 반응하면 발화가 일어난다. 나무에 포함된 가스상 물질의 점화 온도는 320~350℃ 정도이다. 발화가 일어난 나무는 열분해 과정을 지속하며, 복사열에 의해 인접한 연료가 예열되어 연소된다. 이때 생성되는 부산물은 주로 이산화탄소와 물이다. 일단 한 지점에서 연소가 시작되면 많은 연소열이 발생하며 가까운 곳에 있는 다른 연료의 온도가 발화점 이상으로 높아지고, 연소가 계속 진행되면서 산불이 점점 확대된다. 산불이 진행될 때 연소열이 전달되는 방법으로는 전도, 복사, 대류의 3가지 형태가 있다. 전도는 큰 연료의 내부로 열이 전달되거나 토양 하층부로 열이 전달되는 것이다. 복사는 산불의 선단부에 인접한 연료에 열을 전달하는 작용이며, 대류는 뜨거운 공기를 위로 상승시키는 기류를 발생시키고, 수관화와 비화(또는 비산화)를 유발하여 대형 산불의 원인이 되기도 한다.

표 1-2. 온도에 따른 나무의 열 분해 및 생성물질(박영주와 이해평, 2011)

온도 범위	주요 반응과 생성 물질
200°C 이하	탈수 반응, 나무 표면에 수산기 생성 및 소량의 이산화탄소, 초산 생성
200~280°C	200°C 이하일 때의 반응이 목재 내부로 확대
280~500°C	메탄, 폼알데하이드, 초산, 메탄올, 목탄 등 생성
500°C 이상	이산화탄소, 일산화탄소(물과 탄소로부터 생성), 수소, 폼알데하이드 등 생성

* 목재는 저온에서는 완만하게 열 분해 되며 탄소, 물, 산화된 가스 등을 생성하지만, 고온에서는 급격하게 열 분해되어 저온에서 생성되는 분해물과는 다른 물질을 생성한다.

2. 산불의 종류

일반적으로 산불은 연소 부위와 특성에 따라 지표화, 수간화, 수관화, 지중화 및 비화로 구분된다. 우리나라 같은 산악지형에서는 바람이나 경사 등의 영향으로 지표화에서 수관화로 이어지거나, 비화가 발생하여 산림이 큰 피해를 보기도 한다. 실제 산불은 혼합되어 동시다발적으로 발생하기 때문에 종류를 구분하기는 어렵다.

그림 1-5. 산불의 종류(국립산림과학원, 2020)

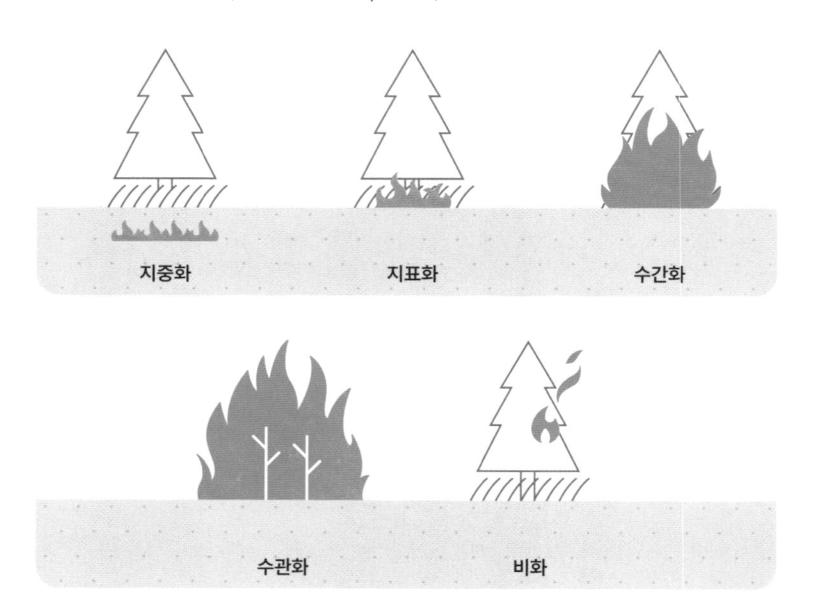

지표화

✓ 풀, 관목, 낙엽, 낙지, 고사목 등이 타면서 확산되는 산불

가장 흔한 산불이며, 주로 불꽃이 있는 '화염 연소'로 확산된다. 지표의 연료 물질이 많으면 지표화에서 수간화 및 수관화로 확산되어 산불의 피해가 커지기도 한다. 지표화에서 수관화로 이어지는 것을 돕는 연료를 사다리 연료라고 한다. 따라서 산림관리 시 사다리 연료를 제거하면 수관화로 진행되는 것을 어느 정도 억제할 수 있다.

지표의 연료 물질이 적고 산불 강도가 약할 때는 수목이 고사하는 경우가 적다. 그러나 지표화가 강하게 진행되면 대부분의 어린나무가 고사하고, 성숙목의 수피(나무껍질)에도 불 자국을 남긴다. 한편 지표화의 확산이 느려 한 지점에 불이 오래 머물면 수목 내부의 형성층이 피해를 보아 고사하기도 한다. 수목의 형성층은 일반적으로 60℃ 내외에서 고사한다.

수간화

✓ 나무의 줄기가 타는 것

지표화에서 진행되는 경우가 많다. 그러나 수간화만 별개로 발생하지는 않으며 수간화와 수관화가 동시에 발생한다. 나무 기둥 내부가 썩어서 동공이 발생한 경우에는 이 부분이 굴뚝 역할을 한다. 그래서 기둥 끝 불길에서 발생한 불꽃이 비화를 일으키고 공중에 흩뿌려지며 수관화를 일으키기도 한다.

수관화

✓ 나뭇가지와 잎이 많은 수관층을 태우며 확산되는 산불

지표화로 번지던 산불의 화염이 높아지고 세기가 커지면서 수관화로 발전한다. 일반적으로 수관화는 지표화보다 강도가 세고, 확산 속도가 빨라서 진화하기 어렵다. 그래서 상당한 피해를 야기하는 가장 무서운 산불이다. 수관화 발생 시 화염 중심부의 온도는 1,175℃, 주변 화염 온도는 1,125℃, 연기 온도는 525℃ 정도로 화세가 매우 강하다.

산정부(산꼭대기)에서 지표화가 수관화로 이어지면 일정 면적의 숲 전체가 소실되기도 하고, 비화가 발생하여 멀리 떨어진 지역에서 산발적인 산불이 발생하기도 한다.

지중화

✓ 낙엽층 아래 축적된 유기물을 태우며 확산되는 것

지중화는 지표화에서 시작된 불이 낙엽층 아래 부식층을 태우는 불이다. 지중화는 산소 공급이 차단되어 확산 속도는 느리지만 불꽃이나 연기가 적어 눈에 잘 띄지 않는 것이 문제이다. 강한 열이 오랜 시간 지속되어 균일하게 피해를 주고, 땅속으로 확산되기 때문에 물을 뿌려도 불이 꺼지지 않는 어려움이 있다. 낙엽층의 분해가 매우 느린 한대림, 이탄층이 깊이 쌓인 저습지대에서 표면은 습하고, 토양 내부가 건조할 때 지중화가 발생하기 쉽다. 우리나라에서는 매우 보기 드문 산불 중 하나이다.

비화(비산화)

✓ 바람에 날아간 불씨가 멀리 떨어진 곳으로 확산되는 산불

비화는 열기둥인 대류 열에 의해 만들어진 불씨가 바람을 타고 날아가며 발생한다. 가깝게는 수십 미터, 멀게는 수 킬로미터 떨어진 곳에 산불을 발생시켜 진화에 어려움을 초래한다. 다른 지역으로 비화한 산불은 확산 속도가 빨라서 산불을 진화하기 위해 투입된 인력과 장비마저 포위하는 상황을 만들 수 있기 때문에 매우 위험하다. 우리나라에서는 2000년 동해안 산불에서 2km 떨어진 곳에 비화가 발생한 적이 있으며, 호주 유칼립투스 산림에서 난 산불은 20km 떨어진 곳까지 불씨가 날아가기도 했다.

3. 산불에 영향을 미치는 인자

산불은 연료 물질의 존재, 기후·기상적 요인과 지형적 요인이 합쳐져 점차 빠른 속도로 확산하거나 쇠퇴하는 경향을 보인다. 산불의 확산은 습도와 풍속의 변화에 따라 다르게 나타나며, 기후 조건이 유사한 지역에서는 연료의 수분 함량 차이에 따라 확산 속도와 불꽃의 크기가 다르게 나타난다.[34]

그림 1-6. 산불의 확산과 강도에 영향을 미치는 인자(국립산림과학원, 2020)

연료

연료는 탈 수 있는 물질을 공급한다는 측면에서 중요하다. 분포 위치에 따라 지중 연료, 지표 연료, 수관 연료로 구분된다(자세한 내용은 '2부 1장 숲가꾸기와 산불 연료 관리' 참조). 지중 연료는 나무 뿌리, 오랫동안 부식된 고사목, 목탄, 유기물층을 포함하며 주로 불꽃 없이 연소된다. 지표 연료는 풀, 어린나무, 작은키나무, 누운 고사목, 낙엽, 떨어진 가지 등을 말하며 일반적으로 지중 연료에 비해 타기 쉽다. 수관 연료는 서 있는 큰키나무의 가지와 잎 그리고 여기에 붙어 있는 이끼와 지의류 등을 포함한다.

산불의 주요 연료인 나무는 종류 및 나이, 함수율, 크기와 형태, 배열 상태, 밀집성 및 화학성분 등에 따라 산불의 확산 속도와 강도에 영향을 미친다.[35] 연료의 함수율은 산불의 발생과 피해 면적, 산불의 확산 속도에 매우 큰 영향을 미치는 것으로 알려져 있다. 함수율이 낮을수록 산불의 피해 면적이 증가하고[36] 확산 속도가 빨라진다. 산불의 확산 속도는 지표물의 두께와는 상관관계가 없다. 하지만 연료층의 무게가 무거울수록 확산이 더디고 가벼울수록 상대적으로 확산 속도가 빨라지는 경향이 있다. 이는 연료 무게가 함수율과 밀접한 관련이 있기 때문이다.

그림 1-7. 연료의 건조 정도와 (a) 산불 피해 면적 그리고 (b) 산불 확산 속도의 관계 (Abatzoglou 등, 2021; Cruz 등, 2015)

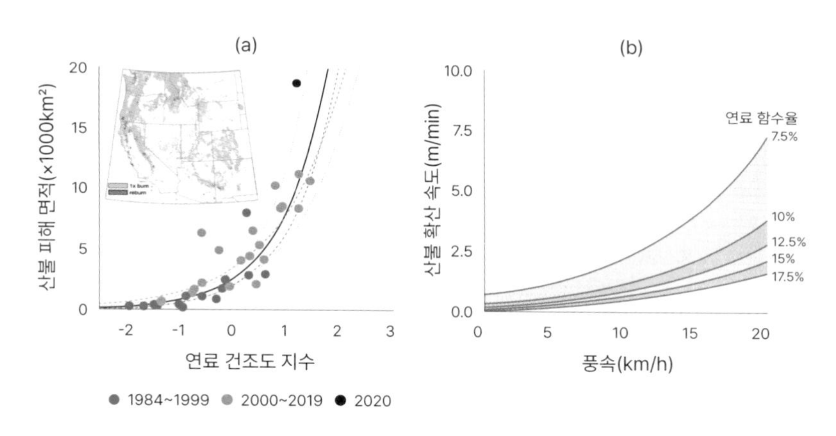

기후와 기상

기후는 연소할 수 있는 연료의 양, 산불 위험 기간의 길이와 강도를 결정한다. 바람과 습도, 온도 및 강수량과 같은 기상 인자는 가연성에 영향을 미치는 연료의 수분 함량을 조절함과 동시에 산불의 확산 속도와 강도에 영향을 미친다.

우리나라의 기후는 봄철인 3~5월에 강수량이 적고, 대기 중 상대습도가 낮아 일반적으로 이 시기에 산불이 많이 발생한다. 산림 내 나무와 초본 그리고 고사된 가지와 낙엽이 건조하기 때문이다. 대기 중 상대습도와 산불 발생 위험도를 살펴보면, 상대습도가 30% 이하일때 산불이 발생하기 쉬우며, 60% 이상이면 산불이 나기 어렵다. 상대습도가 25% 이하일 때에는 수관화가 발생할 가능성이 크다.

표 1-3. 대기 중의 습도와 산불 발생 위험도의 관계(김종국 등, 2019)

대기 중의 습도(%)	산불 발생 위험도
> 60	산불이 잘 발생하지 않는다.
50~60	산불이 발생 가능하며, 발생 시 진행이 느리다.
30~50	산불이 발생하기 쉽고, 빨리 연소된다.
< 30	산불이 발생하기 매우 쉽고, 산불 진화가 어렵다.

* 습도는 현재 공기 중에 있는 수증기의 양과 해당 온도에서 포화된 수증기의 양 사이의 비율을 백분율(%)로 나타낸 것으로, 일반적으로 습도라고 하면 상대습도를 의미한다.

바람은 산불의 확산 속도와 방향을 결정하는 인자로 산불의 가장 앞쪽과 가까운 연료에 공기를 공급하여 연료의 연소를 가속화한다. 그래서 풍속이 강할수록 산불이 강하고 빠른 속도로 확산된다. 국내 연구진이 길이 6cm의 자작나무 나뭇조각 toothpick을 1cm 간격으로 설치한 후 풍속 0.5m/s와 1.0m/s에서 산불 확산 속도와 강도를 측정한 결과, 풍속이 0.5m/s에서

1.0m/s로 증가할 때 산불의 확산 속도와 강도는 약 1.4배 정도 증가하는 것으로 나타났다.

강수량은 산불 연료의 수분 함량에 직접적인 영향을 준다. 중국에서 산불 발생 빈도가 높은 남동부, 남서부, 동북부 지역에 걸쳐 산불에 영향을 주는 인자들(기상, 경관, 인위적 인자)의 중요치를 분석했더니 기상인자인 강수량이 가장 중요치가 높은 인자인 것으로 나타났다.[37]

그림 1-8. 산불 발생에 영향을 미치는 인자들의 상대적 중요치(Lan 등, 2021)

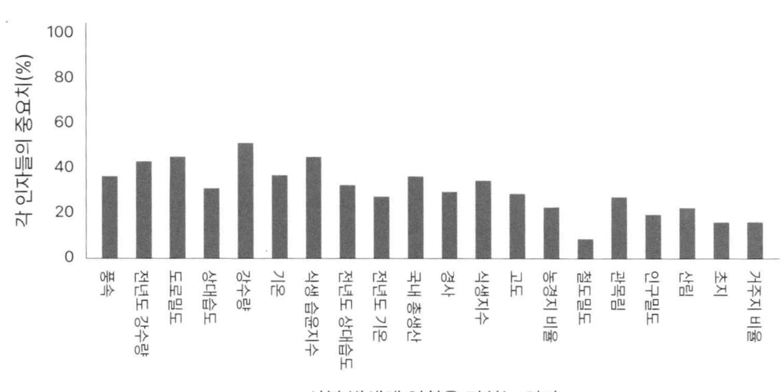

지형

경사, 사면, 산의 형태 등의 지형 요소도 산불에 영향을 미친다.

경사는 산불의 확산 속도에 영향을 미친다. 경사가 15~35° 사이에서는 10°씩 증가할 때 확산 속도는 두 배 이상 증가하며, 경사 35° 이상에서는 10배 이상 증가한다.[38]

사면은 남사면 또는 남사면에 가까울수록 북사면보다 산불 발생 위험이 높고 확산 속도도 빠르다. 일사량이 많아 연료가 더 빨리 건조되고 온도가 높기 때문이다.

산의 형태는 연료의 구성, 기상 및 산불에서 발생하는 에너지의 흐름에 영향을 미치는 방식으로 산불에 관여한다. 일반적으로 지표화로 확산되는 산불이 능선을 만나면 반대편에서 불어오는 바람의 영향으로 화염이 솟구치며 수관화로 확산되기 쉽다. 산꼭대기로 갈수록 좁아지는 협곡에서는 산불의 열기가 효과적으로 빠져나오지 못하고 모이게 된다. 그래서 산꼭대기 방향으로 매우 강도 높은 산불이 급속도로 확산된다. 이처럼 협곡에서 강한 산불이 빠르게 확산되는 현상을 굴뚝효과라고 한다.

지형 요소(경사, 사면, 지형위치지수)는 건조한 산림보다 중습성 산림의 산불 비연소 지역refugia 생성에 영향을 준다.[39] 이는 위치, 사면과 같은 지형 요소가 가연성 연료의 습도에 영향을 주기 때문인 것으로 알려져 있다.[40]

연소 강도는 고도가 높고 경사도가 급할수록 약해진다. 대규모 산불이 발생했던 삼척 지역에서 수행한 연구에 따르면 고도와 경사는 연소 강도와 반비례한다. 또한 고도와 경사도는 연료의 습도, 강수, 연료밀도 및 산림유형과 연계되어 연소 강도에 영향을 미친다.[41]

그림 1-9. 호주 지역 (a) 지형위치지수와 (b) 사면에 따른 산불 내 비연소 지역(refugia) 비율(Luke 등, 2019)

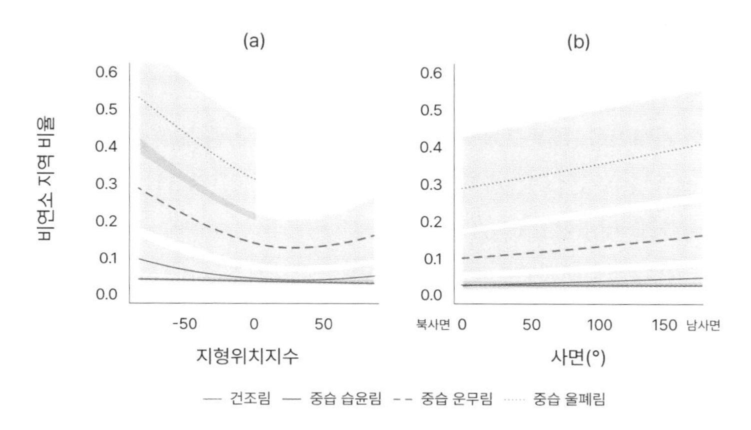

표 1-4. 지형 인자, 산림 유형 비율과 연소 강도 간의 상관관계(이상우 등, 2009)

변수명	연소 강도	고도	경사	혼효림 분포 비율
고도	-0.36**			
경사	-0.14*	-0.67**		
혼효림 분포 비율	-0.25**	0.61**	0.45**	
소나무림 분포 비율	0.58**	-0.29**	-0.08	-0.39**

*는 $p<0.05$, **는 $p<0.01$, p는 유의수준을 의미한다.

기후변화는 고온건조와 낮은 습도, 마른 뇌우, 돌풍 등 산불 발생 건수와 규모를 증가시킬 수 있는 많은 환경 변화를 초래했다. 더 덥고 건조한 현상으로 인하여 산불 발생 기간이 증가하고 식생이 건조해지면서 불이 쉽게 붙는 환경이 조성되고 있다. 기후변화 시나리오 RCP 2.6, RCP 6.0을 이용하여 산불 발생을 예측한 결과, 2100년 이전까지 대형 산불 발생 가능성은 1.31에서 1.57로 증가할 것으로 나타났다. IPCC의 〈6차 보고서〉에 따르면 일부 지역에 고온 건조한 바람 등 산불 발생과 확산에 영향을 미치는 기상이 빈번하게 발생하고 있으며 지구온난화가 심화됨에 따라 이러한 현상도 지속적으로 증가할 것으로 예측된다.

3장.
기후변화와 산불

글.
채희문(강원대학교 산림환경보호학과 교수)
한송희(강원대학교 산림환경보호학과 연구원)

1. 국내 산불

발생 현황

평균 발생 건수와 피해 면적

10년 단위로 평균 산불 건수와 평균 피해 면적을 비교한 결과를 보면 1990년대에는 356건의 산불로 1,533 헥타르의 산림이 피해를 보았는데 2000년대에는 523건의 산불로 3,726 헥타르가, 2010년대에는 440건의 산불로 857 헥타르의 산림이 소실되었다. 2000년의 전체 피해 면적은 25,952 헥타르였다. 피해 규모가 가장 컸던 2000년 4월 7일 강원도 고성·강릉·삼척에서 발생한 산불 4건의 피해 면적이 23,749 헥타르이다.

1991년부터 2021년까지 30년간 100 헥타르 이상을 태운 대형 산불은 55건, 피해 면적은 45,759 헥타르이며 2~5월에 발생했다. 대형 산불의 평균 발생 건수와 평균 피해 면적을 10년 단위로 살펴보면 1990년대 2.75건, 1,467 헥타르, 2000년대 4.33건, 5,220 헥타르, 2010년대 2.60건, 1,113 헥타르였다.[42]

한편 2022년 발생한 울진·삼척 산불은 3월 4일 경상북도 울진군 북면에서 발생한 후 강풍을 타고 번져 삼척까지 확산되었다. 3월 13일, 산불 발생 후 213시간 만에 진화되었으며 피해 면적은 16,302 헥타르에 달했다.

그림 1-10. 2012~2021년 산불 발생 건수 및 피해 면적(산림청, 2022)

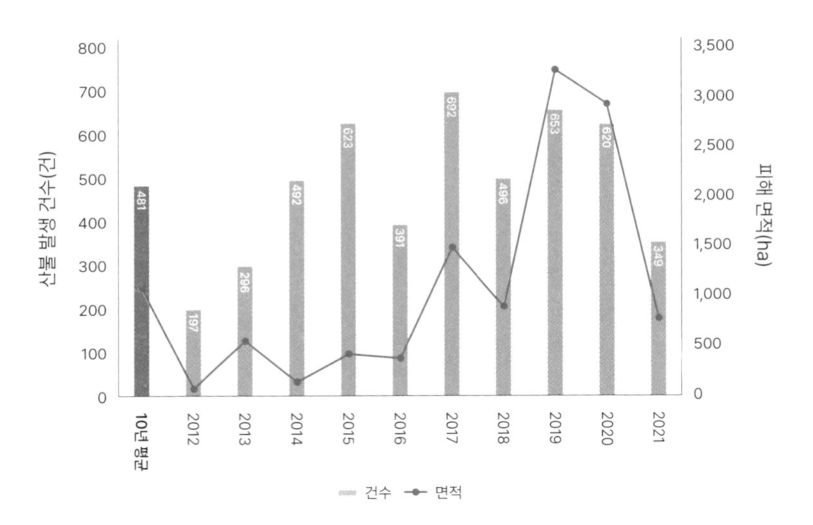

그림 1-11. 1991~2021년 지역별 산불 발생 건수 및 피해 면적(산림청, 2022)

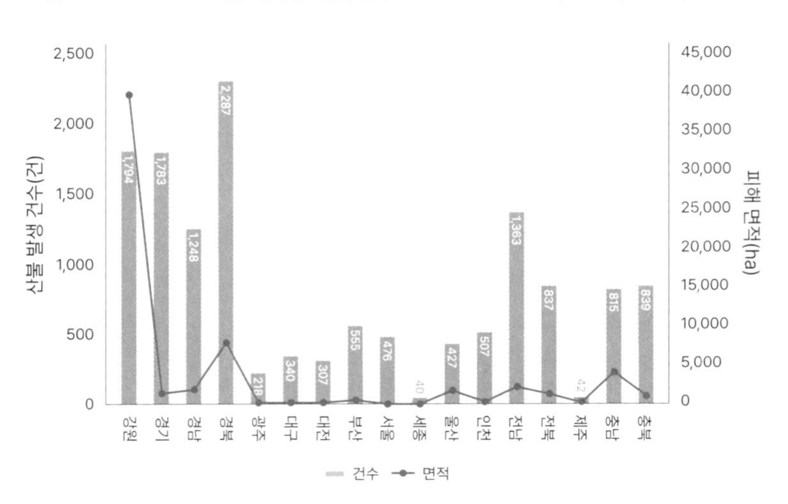

지역별 산불 발생 현황

2012년부터 2021년까지 10년간 우리나라에서는 4,809건의 산불이 발생했으며, 피해 산림의 면적은 10,871 헥타르에 달한다. 연평균 480건이 넘는 산불이 발생한 것이다. 지역 별로는 경기 1,017건(21%), 경북 802건(17%), 강원 720건(15%) 순으로 많았고 경남 399건, 전남 396건, 충남 272건, 전북 229건, 충북 224건, 인천 182건, 부산 122건, 서울 115건, 울산 107건, 대구 81건, 대전 74건, 광주 32건, 세종 32건, 제주 5건이었다.

1991년부터 2021년 사이의 지역별 산불 현황 역시 산지가 많은 지역일수록 산불이 많이 발생한다는 것을 보여준다. 경북(2,287건), 강원(1,797건), 경기(1,787건) 순으로 산불이 발생하였다. 반면 피해 면적은 강원(39,713ha, 63%), 경북(8,067ha, 13%), 충남(4,131ha, 7%) 순으로 나타났다.

계절별 산불

지난 30년간 산불은 봄(61%) > 겨울(25%) > 가을(8%) > 여름(6%) 순으로 많이 발생해 봄철에 산불 위험이 가장 높은 것으로 나타났다. 봄철은 기온이 상승하면서 대기가 건조해지고, 산

그림 1-12. 계절별 산불 발생 비율(국립산림과학원, 2022)

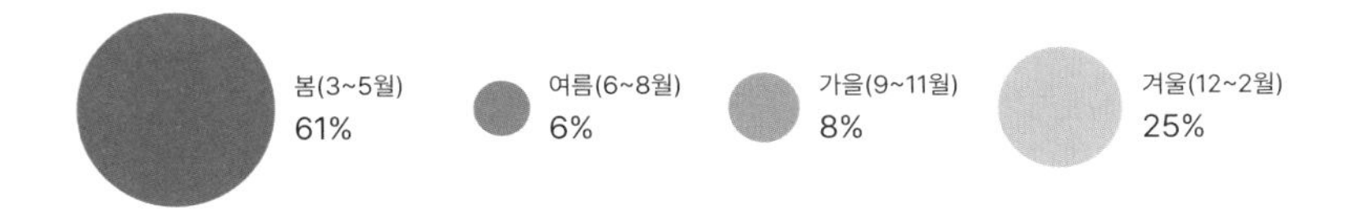

림 내 건조한 낙엽층이 조성되며, 지역에 따라 강풍 부는 곳이 많기 때문이다.[43]

산불 발생 원인

대부분의 산불은 사람들의 부주의 때문에 발생한다. 산림청에서 1991년부터 2021년까지 발생한 산불의 원인을 살펴보았더니 입산자 실화가 39%를 차지하며 가장 큰 원인으로 나타났다. 이어 논·밭두렁 소각 16%, 쓰레기 소각 9%, 담뱃불 실화 6%, 성묘객 실화 5% 순으로 나타났다.

1980년대부터 2000년대까지 산불 발생 횟수는 꾸준히 증가한다. 사회·경제적 변화가 많은 영향을 주고 있으나 건조한 기

그림 1-13. 1991~2021년 산불 발생 원인별 비율(산림청, 2022)

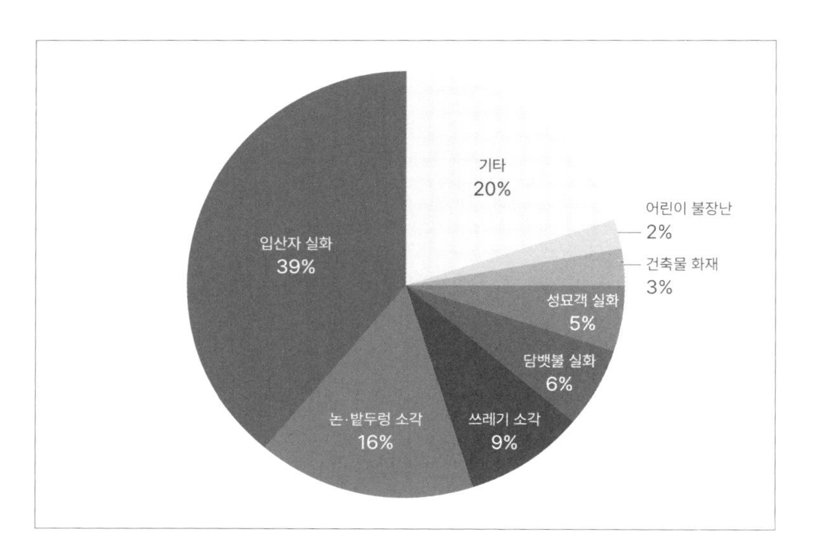

간과 산림 연료가 증가하는 등의 이유도 있다.[44] 산불은 최고 기온 10~20℃, 상대습도 40~60%, 평균 풍속 2m/s 이하에서 주로 발생한다.[45] 즉, 평균 기온 증가와 습도 감소가 산불 발생의 가장 중요한 기상 요인이다.[46]

발생 예측

캐나다 기후변화·기후모형분석센터CCCS: Canadian Centre for Climate Services에서 개발한 기후변화 시나리오 GCM◆을 사용하여 우리나라의 산불 발생을 예측한 결과, 현재(1994~2003년) 대비 미래(2070~2099년)에 봄철 산불조심기간 동안 10~23%, 가을철 산불조심기간 동안 21~55%까지 산불이 증가하는 것으로 예측되었다. CCSR/NIES GCM을 이용하여 예측한 결과는 봄철 산불조심기간 동안은 9~21%, 가을철 산불조심기간 동안 14~36% 증가하는 것으로 나타났다.[47]

최근 온실가스 농도 변화를 반영한 기후변화 시나리오 RCP 8.5◆◆를 적용한 산불 영향평가 모형에서는 2020년대는 봄철 온도가 높은 남부 및 동해안에서 산불 발생 확률이 높았다. 2040년대와 2050년대를 2020년대와 비교했을 때 큰 차이가 나타나지 않았다. 2050년대에서는 상대적으로 산불 발생 확률이 높다는 것을 확인할 수 있었으나, 변화 폭이 크지는 않았다.[48]

◆
GCM(General Circulation Model): 대기순환 모델. 대기나 바다의 일반적인 순환에 대한 수학적 모델이다.

◆◆
대표농도경로(RCP: Representative Concentration Pathways): 온실가스 농도 변화에 따른 기후변화 시나리오.
· RCP 2.6: 지금 즉시 온실가스 감축을 수행해 인간의 활동에 의한 영향을 지구 스스로 회복할 수 있는 경우
· RCP 4.5: 온실가스 저감정책이 상당히 실현되는 경우
· RCP 6.0: 온실가스 저감정책이 어느 정도 실현되는 경우
· RCP 8.5: 현재 추세대로 온실가스를 배출하는 경우

예방 동향

우리나라에서는 1973년부터 산불 예방 정책을 펼치고 있다.

2022년 산불방지 종합대책에서는 맞춤형 원인별 예방 강화 및 산불 예방 인프라 조성 추진전략을 기반으로 산불 발생 주요 원인별 맞춤형 예방 활동, 생활권 산불 예방 인프라 조성 및 안전 문화 확산, 지역별 특성화된 기반 조성을 중점으로 예방 대책을 시행하고 있다.

표 1-5. 산불 예방 정책 동향(산림청, 2021)

구분	산불 예방 정책 동향
제1차(1973~1978)	산불 방지 대책을 예방·진화·사후 대책으로 구분하여 이행
제2차(1979~1987)	산불 예방과 조기 진화를 산불 방지 목표로 하고 피해 최소화에 주력
제3차(1988~1997)	〈산림법〉을 개정하여 산림 소유자가 산불 예방과 진화 조치를 하도록 규정하고 산림 내 취사 행위 완전 금지
제4차(1998~2007)	IT 기술을 접목한 관리 시스템 도입, 전문 예방 진화대 확대
제5차(2008~2017)	산불 핵심과제로 과학적 감시 및 뒷불 감시 시스템 구축, 산불 관리 체계 및 조직의 전문화, 산불 예방 및 진화 대응 고도화 기술개발 등을 핵심과제로 추진
제6차(2018~2037)	인력 중심 예방 대응에서 과학기술 기반의 스마트 현장 대응 정책으로 전환

진화 동향

우리나라의 산불 진화 정책은 산림청이 발족하기 전인 1945년부터 시작되었다.

지금은 산불을 조기에 발견하고 헬기와 정예화된 진화요원으로 초동 진화 체제를 강화했으며, 대형 산불에 대처하기 위한 강력하고 조직적인 산불 통합 지휘체계를 구축하고 있다.[49]

표 1-6. 산불 진화 정책 동향(산림청, 2021)

구분	산불 진화 정책 동향
산림청 발족 이전 (1945~1966)	1961년 〈산림법〉 제정, 산림계원과 국유림 보호 조합원으로 구성된 산불경방단이 농기구 등을 이용하여 진화
산림기본계획 수립 이전 (1967~1972)	1971년 산림항공기 최초 도입(소형 3대) 및 산림항공대 창설, 불 갈퀴, 불 털이개 등 진화 장비 사용
제1차(1973~1978)	1973년 입산 통제 정책 시행, 방화선 구축, 산불감시탑·감시초소 운영
제2차(1979~1987)	1981년 공중 산불 진화 도입, 1982년 와작스 동력 펌프 도입
제3차(1988~1997)	산불진화대 조직, 1997년 무인감시카메라 도입
제4차(1998~2007)	IT 기술을 접목시킨 관리 시스템 도입, 전문 예방 진화대 확대
제5차(2008~2017)	과학적 산불 감시 및 뒷불 감시 시스템 구축, 산불 진화 대응 고도화 기술 개발
제6차(2018~2037)	산불재난 특수진화대 운영, 스마트 산불 신고 단말기 개발·교체

2. 국외 산불

발생 현황

산불이 자주 나지 않던 지역에서도 많은 산불이 발생하고 있다. 2014년부터 2019년까지, 사하라 사막 남쪽의 아프리카와 호주 북부 지역 등 예전부터 꾸준히 산불이 나던 지역에서는 산불 발생 면적이 줄어든 반면 인도 북부, 러시아, 티베트 등 산불이 쉽게 발생하지 않던 지역에서 산불이 증가했다. 호주 동부와 미국 서부 해안은 여름철 산불이 자주 발생하는 곳인데 2019년, 2020년에는 여름이 아님에도 불구하고 기록적인 규모의 산불이 발생하였다. 또한 대형 산불이 발생하지 않는 북극과 아마존 지역에서도 최근 몇 년간 기록적인 규모의 산불이 발생하였다.[50]

그림 1-14. 2014~2019년 전 세계 산불 발생 현황(UNEP, 2022)

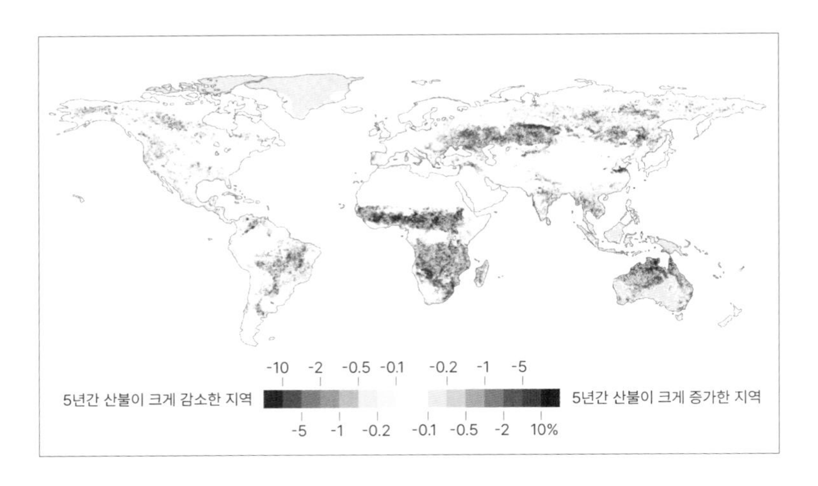

미국

연평균 61,225건의 산불이 2,977,776 헥타르의 국유림과 초지에서 발생하였는데, 2021년에는 58,985건이 발생해 피해 면적이 2,883,645 헥타르에 달했다.[51] 지난 10년(2012~2021)간 발생한 산불 중 절반 이상(54%)이 인위적으로 발생했으며, 나머지(46%)는 번개에 의한 산불이었다.

그림 1-15. 미국 산불 발생 건수 및 피해 면적(National Interagency Fire Center, 2021)

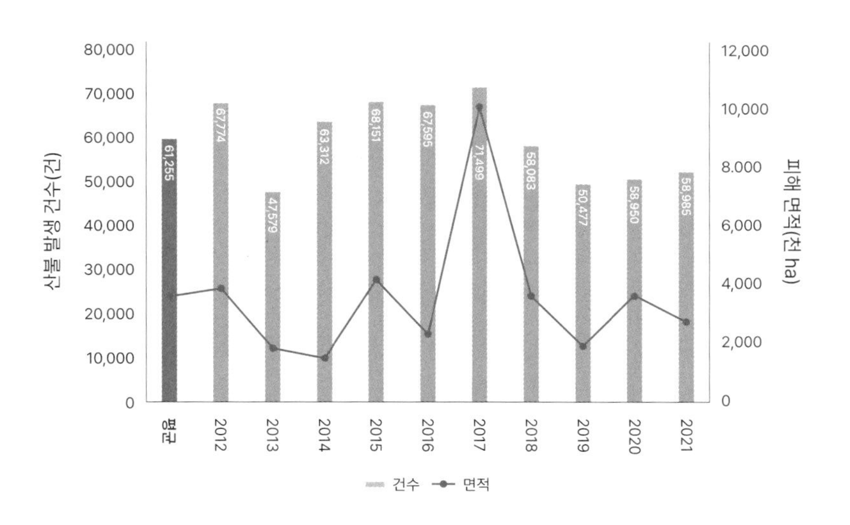

캐나다

세계 산림의 약 9%를 차지하는 캐나다에서는 지난 10년(2012~2021)간 매년 약 5,700건의 산불이 발생해 연평균 3,015,333 헥타르가 피해를 보았다. 매년 캐나다에서 발생하는 산불의 3%는 피해 면적이 200 헥타르를 넘는 대형 산불로 이는 캐나다 전역에 걸친 피해 면적의 97%를 차지한다. 발생 원인으로는 번개로 인한 산불이 44%로, 피해 면적의 74%를 차지한다. 사람에 의한 산불은 41%인데, 특히 산림 인접지WUI: Wildland-Urban Interface에서 인접지가 아닌 곳보다 2배나 더 많은 산불이 발생했다.[52]

그림 1-16. 캐나다 산불 발생 건수 및 피해 면적(Canadian Interagency Forest Fire Center, 2021)

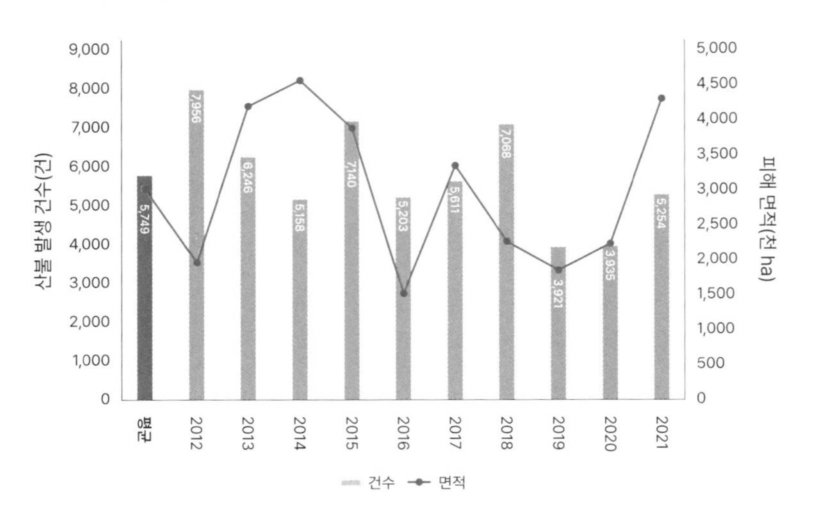

호주

호주기상청Bureau of Meteorology에 의하면, 2019년은 가장 따뜻하고 가장 건조한 해로 기록되었다. 2018년 12월 초부터 2019년 1월까지 대부분의 지역에서 폭염과 고온이 길게 이어졌다. 2019년 평균 강수량은 277.6mm로, 1961~1990년 평균 강수량보다 40%가 낮았다. 이로 인해 호주 전역의 토양 수분이 매우 낮아졌다. 고온과 낮은 습도, 강수량 부족, 오랜 가뭄으로 인해 연료의 위험성이 증가하고 산불 위험지수가 매우 높아졌다. 결국 2019년 발생한 대형 산불이 2020년까지 이어졌다. 반 년 가까이 이어진 이 산불은 뉴사우스웨일스주를 비롯한 빅토리아주, 호주 남동부 등에서 1만5천 건 이상 발생하며 약 1,800만 헥타

그림 1-17. 호주 뉴사우스웨일스주의 산불 발생 건수 및 피해 면적(New South Wales Rural Fire Service, 2021)

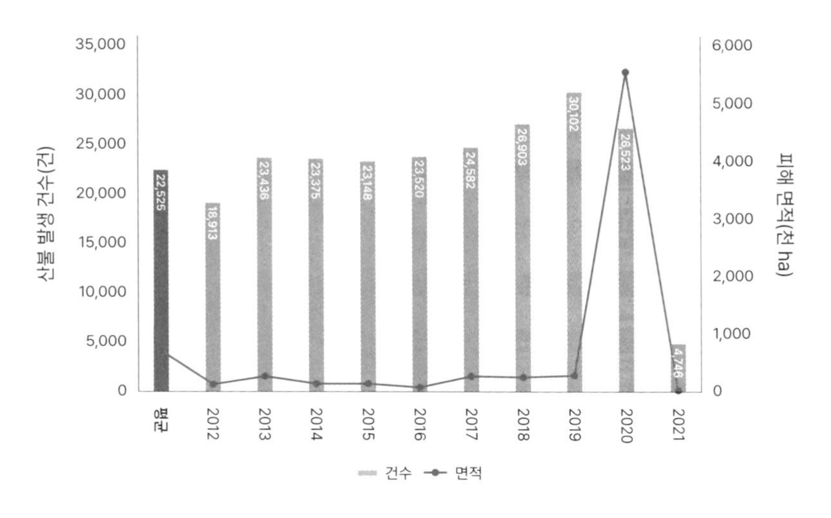

르에 피해를 주고 33명의 인명 피해, 30억 마리의 야생동물 피해를 유발했다.[53]

표 1-7. 2020년 유럽 산불 발생 건수 및 피해 면적(European Commission, 2020)

나라	산불 건수(건)		피해 면적(ha)	
	2020	2010~2019 평균	2020	2010~2019 평균
알제리	3,493	2,919	43,918	30,877
오스트리아	233	215	60	57
불가리아	499	471	5,258	5,266
크로아티아	142	199	23,994	11,241
사이프러스	108	103	1,305	1,579
체코	2,081	1,275	484	347
핀란드	1,260	1,260	719	523
프랑스	7,372	3,865	17,077	12,475
독일	1,360	865	368	759
그리스	1,060	946	9,300	24,220
헝가리	1,239	1,218	2,895	4,754
이탈리아	4,865	5,420	55,656	63,907
라트비아	581	581	309	612
레바논	251	139	1,851	1,337
리투아니아	157	152	64	98
모로코	514	474	5,569	2,948
네덜란드	724	606	1,072	374
북마케도니아	48	209	68	4,474
노르웨이	609	210	363	1,068
폴란드	6,627	7,188	8,417	3,027
포르투갈	9,619	19,362	67,170	138,084
루마니아	627	297	5,152	1,830
세르비아	81	119	1,417	3,344
슬로바키아	221	234	477	427
슬로베니아	120	83	118	271
스페인	7,745	11,860	65,923	94,514
스웨덴	5,305	4,521	821	4,700
스위스	78	99	26	108
터키	3,399	2,477	20,971	7,330
우크라이나	2,598	1,626	74,623	3,369

유럽

2017년에는 포르투갈에서만 50만 헥타르가 넘는 산불이 발생해 118명의 민간인과 소방관이 사망했다. 2010~2019년 그리스, 스페인, 프랑스, 이탈리아, 포르투갈에서 연간 4만 건이 넘는 산불이 보고되었는데 이는 유럽 전체 산불의 60%를 차지한다.[54] 유럽산불정보시스템EFFIS: European Forest Fire Information System에 보고된 산불의 원인으로는 방화 56.8%, 사고로 인한 산불이 39.2%, 번개와 같은 자연적 발화가 4%였다.[55] 유럽의 산불 피해액은 매년 약 27억 유로로 추산된다.

아시아

동남아시아 국가의 열대 우림 및 초목 지역에서 발생하는 산불은 심각한 환경문제와 사회적 영향으로 이어지고 있다. 동남아시아 산불에 중요한 기상·기후 현상은 극심한 가뭄과 엘니뇨-남방진동ENSO: El Nino-Southern Oscillation 현상이다.[56] 엘니뇨는 남미 연안(에콰도르와 페루 해안)의 해수면 온도가 예년보다 높은 상태가 지속되는 것이다. 바닷물의 온도가 올라가면 바람과 바닷물의 흐름이 달라지면서 비가 적게 내리던 지역에 비가 많이 내리기도 하고, 비가 많이 내리던 지역에 가뭄이 생기기도 한다. 특히 적도 지방을 중심으로 환경재해를 초래하는데 호주와 인도네시아, 인도 일부 지역과 아프리카에서 대규모 가뭄이 발생하고 이는 산불 피해가 커지는 것으로 이어진다. 매년 평균 1억 2,200만 헥타르의 산림이 산불, 해충, 가뭄 및 악천후의 영향을 받는데, 특히 산불 피해 면적만 7,600만 헥타르에 달한다.

아시아 지역에서 주로 사람의 활동이 산불을 유발한다. 농업을 위한 개간, 임산물 수확, 사냥 등이 산불의 원인이다. 중앙아시아와 동북아시아 국가(카자흐스탄, 키르기스스탄, 몽골)에서는 초원에 발생한 불이 대형 산불로 바뀌는 것이 산불의 주요 원인이다. 아시아산림협력기구AFoCO◆ 회원국 중 2002~2019년 사이 산림이 가장 많이 소실된 곳은 카자흐스탄이었다. 다만, 피해 면적에 비해 산불 발생 건수는 7,463건으로 다른 나라에 비해 적은 편이었다.[57]

아프리카

아프리카는 우기에 자라난 식생이 건기에 건조되면서 산불이 발생하기 쉬운 조건으로 변화하는 특징을 가지고 있다.[58] 이러한 아프리카 산불의 계절성은 북반구에서는 10월~다음 해 3월 사이, 남반구의 경우 4월~10월 사이에 발생하는 건조한 계절을 따른다.[59] 1957년부터 2002년까지는 기온 상승과 가뭄으로 식생 성장이 저하되어 산불 발생지역이 줄어들었다. 2002년부터 2016년 사이에는 산불 피해 면적이 18.5% 감소했는데, 이는 산불 발생 시기에 강우량이 증가한 탓이다.

발생 예측

기후변화 시나리오 RCP 2.6, RCP 6.0에 따라 전 세계의 산불 발생을 예측한 결과, 2020~2100년까지 산불 발생이 증가하는 것

그림 1-18. RCP 2.6, RCP 6.0에 따른 전 세계 산불 발생 예측(UNEP, 2020)

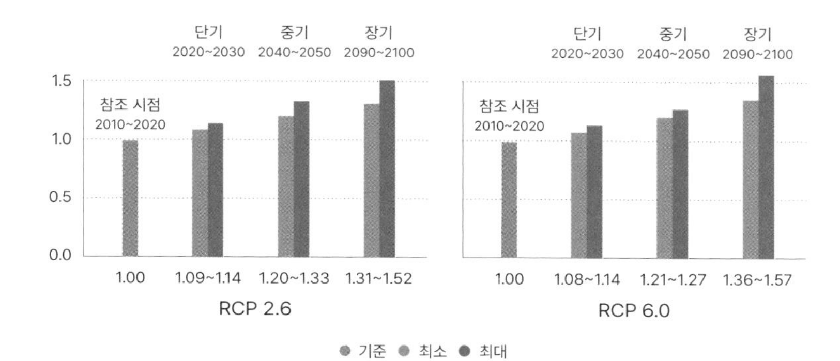

으로 나타났다.[60]

기후변화는 강우량과 상대습도 감소, 기온 상승, 풍속 증가로 이어지고 이는 산불 행동에 직접적인 영향을 미쳐 산불 발생 가능성을 높이고 산불 기간을 증가시킨다. 이는 곧 산불 진화를 더 어렵게 만든다는 의미이다.[61]

기후변화에 관한 정부간 협의체IPCC의 〈배출 시나리오에 관한 특별 보고서SRES〉(2010)◆◆ 시나리오 중 매우 빠른 경제 성장과 지역적 격차가 발생하는 A2a 시나리오와 미국 산림청에서 가뭄 상태를 측정하기 위해 강수량과 기온, 기상 요인을 기반으로 계산하는 KBDIKeetch-Byram Drought Index 모델을 이용해 산불

◆
아시아산림협력기구(AFoCO: Asian Forest Cooperation Organization): 기후변화·사막화 방지 등 국제적인 산림 이슈에 대응하고 아시아 산림 분야의 선도적 위치를 확보하기 위해 우리나라 산림청 주도로 설립된 국제기구. 우리나라를 비롯하여 동티모르, 몽골, 부탄, 카자흐스탄, 키르기스스탄, 라오스, 미얀마, 베트남, 브루나이, 인도네시아, 캄보디아, 태국, 필리핀, 말레이시아, 싱가포르 등이 회원국에 속해 있다(www.afocosec.org).

◆◆
배출 시나리오에 관한 특별 보고서(SRES: Special Report on Emission Scenario): 온실가스 농도 변화에 따른 RCP와는 달리 사회·경제유형별 온실가스 배출량으로 설정 후 기후변화 시나리오를 산출한다(국가기후위기적응센터, www.kaccc.kei.re.kr).

발생 위험도를 예측한 결과, 미래에 산불은 미국과 남아메리카, 중앙아시아, 남유럽, 남아프리카 및 호주에서 위험성이 많이 증가하는 것으로 나타났다.

IPCC의 〈6차 평가보고서〉에서 시작된 SSP 시나리오에 따라 2071년부터 2100년까지 전 세계의 산불 피해 면적을 시나리오 변화 추세에 따라 분석해보면[62] 모든 시나리오에서 공통으로 시간이 지날수록 산불 위험 지수가 증가하는 경향이 나타난다. 특히 아마존 동부, 호주, 남아시아, 미국, 남아프리카의 산불 증가율이 높게 나타난다.

표 1-8. IPCC 〈6차 평가보고서〉의 SSP 시나리오별 산불 예측 결과

S1	아마존, 아프리카 사바나, 시베리아 남부에서 산불 피해 면적이 감소할 것으로 보인다.
S2	S1 시나리오와 비슷하였으나 북미 (알래스카 제외) 및 서유럽에서 산불 피해 면적이 확대될 것으로 전망된다.
S3	산불 피해 면적이 아마존 전역에서 증가할 것으로 예상되며 나머지 지역은 S1과 S2에 비슷할 것으로 전망된다.
S4	아마존, 유라시아 북서부 및 동남아시아에서 산불 피해 면적이 증가하는 추세를 보인다.

* 공통사회·경제경로(SSP: Shared Socioeconomic Pathways): 2100년까지 사회·경제적 변화에 따른 온실가스 배출량을 예상한 시나리오이다.

그림 1-19. SRES 시나리오를 이용한 전 세계의 산불 발생 위험도(Liu 등, 2010)

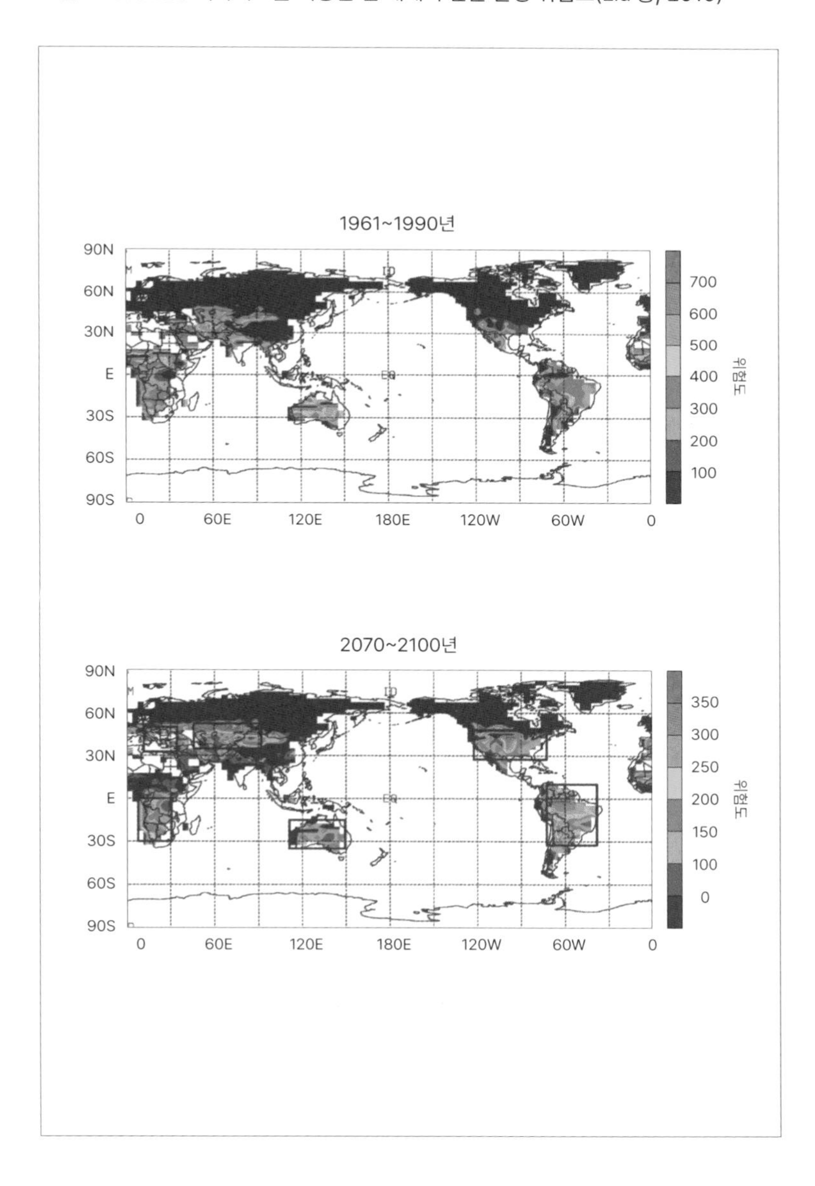

그림 1-20. SSP 시나리오에 따른 2071~2100년의 전 세계 산불 피해 면적 변화 추세 (Wu 등, 2021)

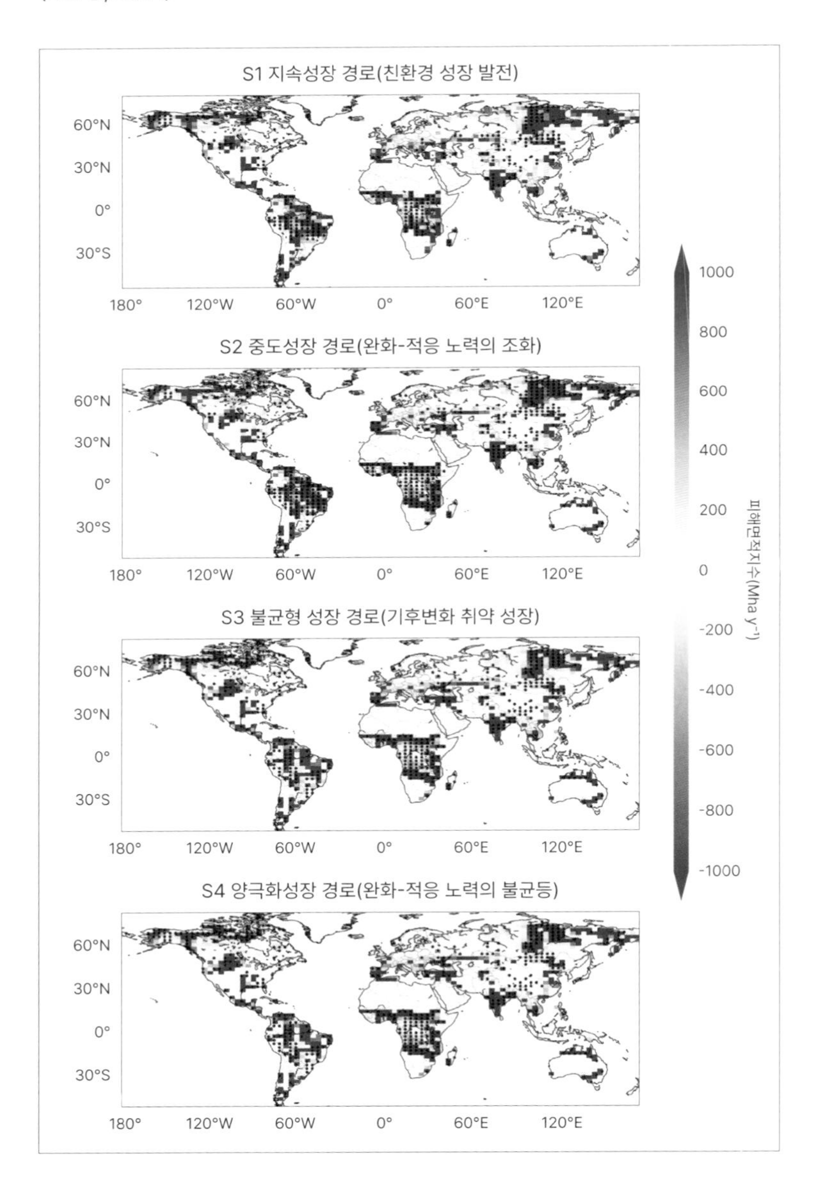

예방 동향

전 세계

산불 위험을 관리하려면 국민 인식 및 인구 대비 산불 발화 가능성, 산불 확산 예측, 감시 및 조기 경보 시스템, 산불 진화 전략, 산불 피해지 복원 및 관리, 산불 연료 관리 등의 관리가 필요하다. 산불 위험 저감 및 관리에는 조사 및 분석, 산불 위험 저감, 대비, 대응, 복구 5단계가 있다.

표 1-9. 산불 위험 관리의 5단계(UNEP, 2022)

조사 및 분석	과거 산불 자료, 연료, 날씨, 산불 행동 등의 주요 요소와 연료 관리 및 산불 저감 효과 등의 인과관계를 분석해 산불 위험 저감 및 관리 개선에 도움을 준다.
산불 위험 저감	산불 발화 가능성을 줄이기 위해 연료 관리, 토지 이용 계획, 방화 발생 범위 감소 등 산불 위험 저감 관리가 있다.
대비	효과적인 산불 위험 저감 조치가 있어도 산불은 발생할 수 있기 때문에 지역사회 및 진화대원 준비가 필요하다.
대응	산불이 발생했을 때 안전한 진화를 하기 위해 산불 경보 및 현황 업데이트, 사고 관리, 대피를 위한 진화 자원(인력 및 장비) 운영 및 관리가 있다.
복구	산불 재해 발생 중 또는 산불 발생 이후 모든 복구 작업을 포함한다.

미국

미국 연방정부 소유 산림의 산불 관리는 농무부 산하 산림청Forest Service과 내무부 소관이다. 연방정부의 산불 관리 비용이 지난 10여 년간 크게 증가했음에도 불구하고, 현재 산불 위험이 가장 큰 지역의 면적은 산림청에서 대응할 수 있는 면적을 훨씬 넘어선다.

유해한 산림 연료를 줄여 산림의 회복력을 강화한다는 것이 미국의 산불 예방 핵심 전략이다. 산불뿐 아니라 가뭄, 병해충 등 각종 재해가 발생한 이후에도 스스로 재생할 수 있도록 숲의 회복탄력성을 높이는 것이다. 또한 산림과 목초지의 생태적 건강을 회복시키는 것이 향후 발생할 산불의 피해를 줄이는 방법이라는 인식에 따라 연방기관들이 처방화입◆을 통한 산림 연료 관리에 중점을 두고 있는 것이 최근 변화이다.[63]

캐나다

캐나다에서는 1912년 토지 개간과 농업을 위해 의도적으로 불을 냈으나 이를 규제하기 위해 〈산림법BC Forest Act〉을 제정해 산림을 보호하고 있다. 1912~1976년은 산불 예방과 진압에 중점을 두고 연료를 제거하는 것이 산불 예방의 핵심 전략이었다. 다만 산림인접지의 산불 예방 및 연료 관리 목표가 모호했기 때문에 1995~2017년에는 산림관리자의 역할과 책임을 명확하게 하고 지방자치단체가 산불 관리 계획을 수립하도록 했다.[64]

◆
처방화입: 미리 계획을 세워 산불을 놓아 산불의 연료가 되는 나무나 풀을 미리 제거하는 작업이다.

그림 1-21. 브리티시 컬럼비아의 연도별 산불 정책(Copes-Gerbitz 등, 2022)

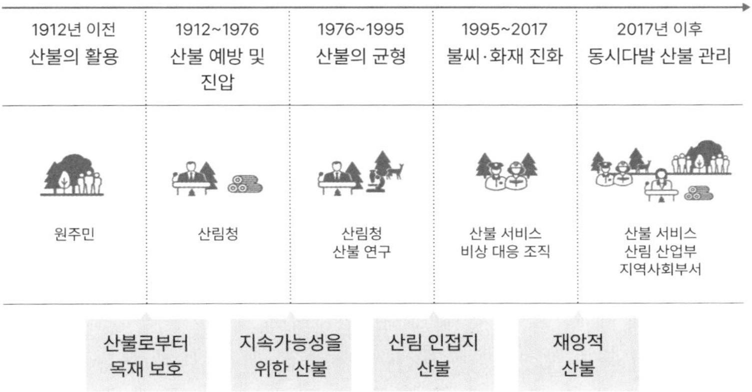

1912년 이전 산불의 활용	1912~1976 산불 예방 및 진압	1976~1995 산불의 균형	1995~2017 불씨·화재 진화	2017년 이후 동시다발 산불 관리
원주민	산림청	산림청 산불 연구	산불 서비스 비상 대응 조직	산불 서비스 산림 산업부 지역사회부서

산불로부터 목재 보호 / 지속가능성을 위한 산불 / 산림 인접지 산불 / 재앙적 산불

유럽

유럽에서는 최근 대형 산불이 많이 발생하고 있다. 여러 기후 시나리오는 앞으로도 산불 피해 면적과 강도는 더욱 심각해지리라 예측한다. 이에 유엔식량농업기구FAO는 '지중해의 산불 예방Wildfire Prevention in the Mediterranean' 회의 후 산불 예방에 대한 국제 협력의 강화, 국가 산림 전략 프로그램·정책 및 기후변화 적응을 위한 산불 예방, 새로운 패턴의 산불 위험을 대처하기 위한 통합 정보와 같은 산불 예방 권고 사항을 발표했다.[65]

유럽의 산불정보시스템EFFIS은 유럽과 지중해 지역의 산불 상황 모니터링과 산불 통계, 산불 뉴스, 장기 기상예보, 산불 위험 예보 등의 자료를 제공한다.

호주

호주에서는 산불 예방을 위해 산불 발생 가능성을 줄이고 산불 확산을 최소화하는 데 중점을 둔다. 산불 발생의 잠재적인 요소는 풀, 잎, 나뭇가지와 같은 식물 연료이며, 주변의 산소, 열 또는 화염과 결합하여 산불이 발생한다. 따라서 산불을 예방하고 확산을 최소화하려면 연료 절감이 가장 중요하다. 처방화입으로 산림에서 연료를 줄여 초원 지역의 산불 확산 속도를 늦추거나 멈추는 전략을 사용하고 있다. 산불에서 방출된 불꽃과 불씨가 집에 불을 일으키는 원인이 되므로, 건물 관리를 위한 지침과 표준을 마련하고 있다.[66]

아시아

아시아산림협력기구는 동남아시아국가연합ASEAN의 산불 및 산불연무정보시스템을 이용한 산불위성모니터링시스템NASA, FIRM, Sentinel-hub으로 산불 감지, 산불 데이터베이스를 구축하였다. 이를 통해 산불 행동 및 영향을 분석하고 있다. 또한 토지 관리자가 이용할 수 있는 산불 관리 접근 방식을 마련하기 위한 플랫폼을 개발하고 있다. 이를 위해 지역을 기반으로 산불과 수자원을 관리하는 플랫폼, 지역관리 기반의 산불 관리 모델에 사용되는 요소를 활용하고 있다.

진화 동향

전 세계

기후변화가 산불 행동에 미치는 직접적인 영향은 이미 일부 지역에서 뚜렷하게 드러나고 있다. 실제로 열대 및 북부 산림에서는 기후변화가 산불 패턴을 변화시키는 주요 원인이 되고 있다. 대부분의 산불은 극한의 기상 조건에서 확산하는 동안 직접 진화가 불가능한 경우가 많다. 산불 행동이 진화 자원의 한계를 초과하기 때문이다. 산불 진화 작업에는 다양한 환경 조건, 전술과 전략에 적합한 여러 기능을 갖춘 진화 자원을 활용해야 하는데, 항공기를 포함한 모든 형태의 산불 진화 자원의 효과는 산불 강도가 강할수록 감소한다. 진화 자원은 강한 산불 행동을 극복해야 하는데, 비화 발생, 복사열, 진화대원의 안전 등을 고려할 때, 한계성을 갖는다.

미국

1870년대 미국의 산불 관리 정책의 목적은 국립공원의 자원을 보존하고 보호하는 것save the forests이었다. 그래서 모든 산불을 진압하였다. 1972년에는 옐로우스톤 국립공원의 특정 지역에 자연적(번개)으로 발생하는 산불을 관리하는 정책을 수행하였다. 1992년 옐로우스톤 국립공원은 산불관리계획FMP: Fire Management Plan을 통합된 진화 전략, 처방화입, 자연 발화 관리에 중점을 두었다. 1995년 마련된 산불관리정책Wildland Fire

그림 1-22. 연대별 미국의 주요 산불 정책(Barrett, 2019)

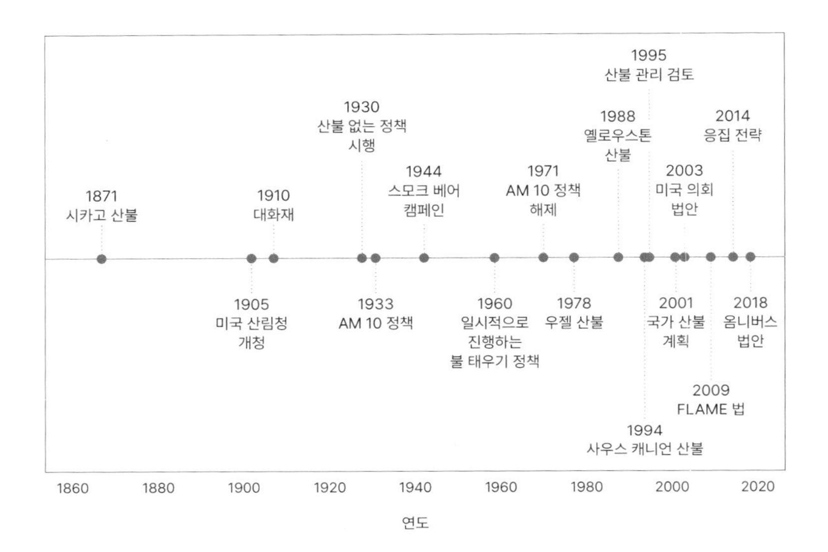

Management Policy은 안전, 계획, 산불, 처방화입, 대비, 억제, 예방, 보호를 중시하였다. 농무부와 내무부에서는 13개의 연방 산불 정책을 권고했는데 협력, 표준화, 경제적 효율성, 산림 인접지 WUI, 행정 및 직원 역할 등을 강조했다.[67]

캐나다

산불 예방, 완화, 감지 및 대응과 생태적 지속가능성, 자원 관리, 위험 감소가 산불 관리 목표이다. 산불 위험에 대한 인식을 높이고 산불 위험 감소 전략을 구현하기 위해 지역 차원의 산불 대응은 소방본부 및 진화 기지에서 수행한다. 이때 특정 지역에서 산불 활동이 확대되면 예상기간 동안 이동식 또는 임시 시설이 설치된다. 산불 진화 전략으로는 산불 상황 예측 및 지원 시스템 개발(산불위험등급시스템 개발 지원), 산불 진화 및 복구팀을 구성하여 신속하게 대응하고 현안에 맞는 전략 개발, 상호정보 교환시스템을 통한 산불정보 공유, 신속한 진화 자원 제공 및 개발 등이 있다.[68]

호주

2019~2020년 호주 산불은 외곽 지역의 발화를 감지할 수 없었기 때문에 광범위한 지역에 피해를 줬다.[69] 호주에서는 대부분의 산불이 번개에 의해 발화가 되기 때문에 산불이 발생한 후 몇 분 안에 감지하고 진화하는 국가 시스템을 개발하고 있다. 또한 유칼립투스 연료의 상태를 모니터링하고 산불 관측 데이터를 제공하여 국가와 지역사회의 산불 상황 인식과 대비를 강화하고 있다. 산불을 조기에 감지하기 위해 광범위한 지역 조사도 하고 있다. 다만, 작은 화재도 감지할 수 있는 단일 원격 감지 플랫폼이 없기 때문에 저전력 IoT 센서를 활용하여 산불 감지 시스템을 설계하고 산불 이동 및 상황 보고 예측 시스템을 개발해 배포하고 있다.

유럽

유럽위원회의 공동연구센터는 유럽연합의 임업 및 산림 보호 정책을 지원하기 위해 산불 예방 강화와 조기 경보 제공, 산불 진압의 효율성 향상, 산불 피해의 영향을 모니터링하는 시스템을 개발했다. 이를 통해 미래의 산림을 대형 산불로부터 보호할 수 있도록 만드는 것이 목표이다. 2017~2018년 포르투갈, 그리스의 산불은 화염 폭풍fire storms 때문에 진화하기 더 어려웠다. 따라서 산불 진화 시 진화대원과 적절한 진화 자원을 제공해야 한다.

산불은 지구생태계를 형성하는 중요한 요소로 종류와 규모,
발생 전후의 기후 조건과 생태계 유형에 따라 식생 구조와 야생동물,
토양과 물순환에 다양한 영향을 미친다. 인간에게는 사회·경제와
보건 측면의 피해를 야기하며 탄소 배출을 증가시켜 지구온난화를
가속화한다.

4장.
산불의 영향과 피해

글.
서경원(국립산림과학원 산불·산사태연구과 연구관)
박주원(경북대학교 산림과학·조경학부 교수)
이예은(국립산림과학원 산불·산사태연구과 연구사)

1. 자연생태계

식생

산불은 양분 순환과 에너지 흐름, 분해율, 지하수 및 지표수 수문학, 탄소 격리와 저장, 토양 수분soil moisture과 온도, 생태계 구성 및 구조, 생물다양성, 식생 재생, 동식물 서식지, 수분pollination, 종자 산포와 생태계 천이 등에 영향을 미친다. 산불이 발생하면 대부분의 식생이 피해를 본다. 특히 자이언트세쿼이어 *Sequoiadendron giganteum*와 같이 성장과 번식을 위해 교란이 없는 수십 년의 기간이 필요한 장수식물은 피해가 더 크다.[70] 하지만 산불이 생물종에 부정적인 영향만 미치는 것은 아니다. 일부 종에서는 발아를 자극하기도 하고, 수관부와 열매에서 종자를 방출하기도 한다. 물론 산불이 너무 강하게, 오래 지속되면 오히려 종자를 죽이거나 개체군 번식을 위한 충분한 양의 종자를 발아시키지 못할 수 있다.[71] 이처럼 산불의 강도는 생물종 반응과 생태계에 큰 영향을 미친다.[72]

산불의 강도와 빈도는 직접적인 영향을 받는 생물군의 생물학적 기능 측면에서 고려되어야 한다. 매년 발생하는 산불로 인해 생태계 교란이 아주 빈번한 경우, 대부분의 목본식물은 생존할 수 없다. 그 자리를 초본 및 일년생 식물이 지배하게 된다. 반면, 몇 세기 또는 수천 년에 한 번 산불이 발생하며 교란이 극히 드물게 일어나는 경우, 수명이 긴 종이 우점한다. 이처럼 일반화된 극단적인 환경에서 산불의 빈도와 변화는 식물에 생태학적 및 진화론적 영향을 미칠 수 있다. 예를 들어, 대부분의 열대 우림에서는 건기가 되어도 번개로 인한 산불이 거의 발생하지 않는다. 번개는 우기에 가장 흔하고, 일반적으로 비를 동반하기 때문이다. 그러나 건기에 발생한 인위적인 산불은 확산되면서 나무를 고사시키고 수관부를 열어 이전 산림에는 없던 키큰초본 등 외래종의 침입을 유도한다. 초본은 건기에 불이 붙기 쉽고 산림 지표면에 위치해 산불의 위험성을 심화시킨다. 결국 산림은 점점 건조해지고 수관부가 개방되어 흔히 '초본화재주기grass-fire cycle'로 알려진 되먹임 효과로 이어지게 된다.[73] 초본화재주기는 전 세계적으로 열대림 훼손의 주요 원인으로 알려져 있다.[74]

산불 발생 빈도가 달라지면 산불에 적응한 생태계에 해로운 영향을 미칠 수 있다. 지중해성 기후의 관목지대에서 산불 발생 간격이 줄어들면, 관목 및 산불에 취약한 분류군의 개체 수가 감소하고 멸종 위험이 증가할 수 있다. 이는 식물이 제대로 자라지 못해 다음 세대로 자랄 수 있는 종자 풀pool이 줄어들기 때문이다.[75] 산불에서 살아남기 위해 종 풀species pool을 바꾸고 환경에 적응하여 산불로 인한 피해를 줄이는 종도 있다.

야생동물

전 세계적으로 산불이 동물 군집에 미치는 영향은 식생에 비해 잘 파악되지 않았다.[76] 그러나 산불은 동물 서식지의 식생 구조 및 구성에 변화를 일으켜 간접적으로 동물군에 영향을 미칠 수 있다.[77] 이와 관련하여 최근 북미에서 수행하고 있는 연구는 다양

그림 1-23. 이탄지 산불로 인한 생태학적 교란(UNEP, 2022; 국립산림과학원, 2022)

한 조류와 포유류 개체군의 크기와 동태가 산불 강도에 따른 공간적 이질성, 즉 식생이 지표면을 차지하는 비율과 밀도에 중요한 영향을 미친다고 보고하였다.[78] 연기와 화염은 동물에게도 직접적인 영향을 미치므로,[79] 산불에서 탈출하는 능력은 생존 가능성에 중요한 영향을 미칠 수 있다.[80] 굴이나 암석 틈처럼 좋은 대피처가 있는 동물은 산불로부터 도망치거나 피할 수도 있고, 산불이 끝날 때까지 대피처에서 머무를 수도 있다.[81] 이러한 행동은 동물의 생존에 영향을 미칠 뿐 아니라, 종들이 산불피해지의 경계나 외부에 있는 피난처에서 돌아와 산불피해지에 다시 정착하

그림 1-24. 산불에 대한 생물의 적응 전략(UNEP, 2022; 국립산림과학원, 2022)

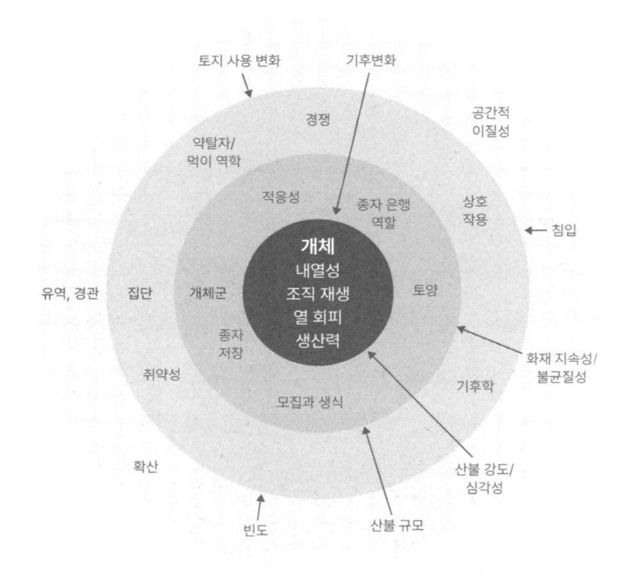

도록 한다. 그러므로 이동 능력과 피난처의 존재 유무는 산불의 영향을 받은 생태계 내 동물의 회복에 강한 영향을 미친다.[82]

토양

산불은 토양 개간 및 퇴적물 생산에 영향을 미치는 중요한 토양 형성 요인으로 알려져 있다.[83] 산불이 바이오매스를 태우면 토양으로 열이 전달되면서 토양 특성에는 직접적인 영향을, 침식 속도와 침전물 생산에는 간접적으로 영향을 미친다.[84] 200°C 미만의 온도에서는 필수 생물학적 특성이 영향을 받는데 특히 미생물 군집, 바이오매스와 종자 저장능이 크게 감소한다. 200°C 이상의 높은 온도에서 토양의 물리화학적 특성은 유기물의 연소와 발열성 화합물의 생성을 통해 변화한다. 토양 구조와 골재의 안정성은 붕괴되고, 수분 보유능력도 줄어드는 반면 토양 소수성◆은 발달한다. 화학적으로 영향을 받은 토양은 양분 순환 속도와 수소이온농도(pH)의 변화를 겪게 되는데, 일반적으로 이러한 변화로 인해 더 불안정하고, 침식되기 쉬운 토양으로 변한다.[85] 미국 서부의 한 연구에서는 기후, 산불 및 침식 모델을 이용하여 2050년까지 산불 활동 증가로 인해 유역의 30% 이상에서 산불 후 토양의 침식 속도가 100% 이상 증가할 것이라고 제시한 바 있다.[86] 표토는 유기물과 필수 영양소가 저장되는 곳이기 때문에, 표토 손실은 결과적으로 토양 비옥도를 감소시킨다. 그런데 산불 후 침식률이 늘어나는 것은 종종 산불 후 짧은 기간으로 한정된다. 퇴적물의 일부가 재침적하고 식생이 빠르게 재성장하기 때문이다.

◆
토양 소수성: 토양 습윤을 방해하는 물에 대한 토양의 반발성.

그래서 일반적으로 더 큰 공간 규모에서는 산불 후 침식률이 감소하는 경향이 나타난다.[87]

물순환

산림생태계는 물을 흡수하고 여과함으로써 수생 생태계와 하류 지역에 양질의 물을 공급하며 물순환에 필수적인 역할을 한다. 오염물질을 흡수하고 여과하는 산림의 기능은 하류의 수질과 가용성을 조절하는데, 강도 높은 산불이 발생한 후에는 식생이 연소된 탓에 산림이 이런 기능을 제대로 발휘하지 못한다.[88] 한편, 빗물이나 눈이 녹은 물 등은 불안정한 토양에서 더 빨리 흐른다. 그래서 산불 후에는 토양 침식이 강해진다. 특히 산불 후 피해지에 집중호우가 내릴 때 토양 침식이 극심해진다.[89] 유속이 빨라지고 침식이 심해지면 산불피해지 하류의 강과 호수의 수질과 수량에도 급격한 변화가 일어난다. 이러한 변화는 토양 내 양분 농도 및 온도의 증가, 빛과 용존 산소의 감소로 인해 수생생물에 연쇄적인 영향을 미치기도 한다. 산불 후 어류 개체 수가 갑자기 감소하는 것은 이 때문이다.[90]

산불 이후에 발생하는 유출수와 침식의 급격한 증가는 퇴적물 적재로 이어지며 인간과 기반 시설을 위협하면서 상당한 사회·경제적 비용을 초래하기도 한다. 대규모 퇴적물이 유입되면 저수지의 수명은 단축되고, 퇴적물 제거 비용은 증가되기 때문이다. 미국 콜로라도주 덴버시에 물을 공급하는 스트론티아 스프링스Strontia Springs 저수지의 퇴적물 제거를 위해 약 6천만 달러가 소요되기도 했다.[91] 이처럼 산불은 오염물질, 토양 침식 증가, 토양의 구성요소 변화, 사면 불안정성 및 유출수의 급격한 증가와 대규모 퇴적물 유입 등 산림 유역에 부정적인 영향을 미친다.

2. 인간

경제적 피해

산불은 전체 화재에 비하면 발생 건수가 적지만 사회에 미치는 영향은 결코 적지 않다. 산불은 일단 발생하면 통제할 수 있는 범위를 벗어나므로 진화대원, 인구, 자산, 자연 가치에 위협이 된다.

산불은 개인과 지역사회, 국가에 심각한 경제적 피해를 줄 수 있다. 산불 피해액은 산불로 인한 사망자, 연무로 인한 호흡기 질환자 수, 산불 피해를 받은 도시와 주택, 기업과 지역사회의 수로 산출할 수 있다. 각종 보고서와 뉴스 매체는 가시적인 산불 피해 및 손실만을 강조하는 경향이 있다. 손쉽게 구할 수 있는 데이터가 주로 인적 손실에 초점을 맞추고 있어 경제적 자산 손실이나 건강에 미치는 영향, 생태계 서비스 또는 진화 관련 비용은 포함하지 않는 경우가 많기 때문이다.[92]

산불은 전력, 통신, 용수 공급, 도로, 철도 등 기반시설에 손해를 입힐 수 있다. 대형 산불 발생 후 피해 지역을 정리하고 복원하는 데에도 비용이 든다. 유역에서 발생한 산불이 담수 가용성과 물 공급량에 영향을 미치면 비용은 더 커진다.

산불은 사업의 존폐와 운송 및 공급망에 차질을 빚기도 하는데 이는 다시 세금 감소 및 자산 가치 손상이라는 결과로 이어질 수 있다. 산불로 인해 근로자가 해고되고 타지로 이동하는 경우에는 전체 지역사회가 영향을 받게 되며, 은행과 보험 회사는 산불 피해로 인해 상당한 손실을 입을 수 있다.

심각한 가뭄이 발생했던 1996~1999년에 브라질의 아마존 산불로 인한 경제적 손실은 연평균 1억 달러 이상인 것으로 추정되었다. 초원과 울타리 및 산림의 파괴, 증가된 미세먼지가 인간 건강에 미치는 영향으로 인한 손실 비용을 계산한 결과였다. 이는 이 권역 GDP의 9%에 육박하는 비용이다.[93] 2005년 브라질 남서부 아마존의 아크레Acre주에서는 가뭄으로 인해 3십만 헥타르 이상의 산림이 불타고, 4십만 명 이상이 산불로 인한 대기오염의 영향을 받았다. 이로 인해 남부 아마존에서는 호흡기 질환으로 입원한 어린이와 노인의 수가 증가했다. 직접 손실은 5천만 달러 이상, 간접 손실(경제적, 사회적, 환경적)은 1억 달러에 달하는 것으로 추정되었다.[94]

인도네시아는 산림훼손, 팜나무 등의 상품 작물의 확장, 화재가 발생하기 쉬운 이탄지대의 배수 등과 관련한 산불 위험 및 발생률이 1980년대 초반부터 증가하는 추세이다. 1997~1998년에 발생한 대규모 산불은 약 16억2천만 달러~27억 달러의 손실을 유발한 것으로 추정된다. 2015년에도 심각한 산불이 발생하면서 국가 GDP의 1.9%에 해당하는 161억 달러에 달하는 경제적 손실을 일으켰다.[95] 9월부터 10월까지, 단 2개월 만에 운송 부문에서 약 3억7,200만 달러의 손실을 입었으며, 연기로 19명이 사망하고 5십만 명 이상에서 급성 호흡기 감염이 발생하였다. 즉각적인 의료 비용만 1억5,100만 달러에 달했으며[120] 연중 휴교로 인해 5백만 명의 어린이가 학교에 가지 못하는 등 교육 측면에도 장기적인 영향을 미쳤다. 2015년만큼 치명적이지는 않았지만, 2019년 산불 또한 52억 달러(국가 GDP의 0.5%)로 추산되는 경제적 손실을 유발했다.[96]

보건적 피해

산불 연기는 불타는 과정에서 나온 유독물질과 미세먼지로 구성된 복합적인 화학물질로,[97] 호흡기는 물론 중추신경계와 심혈관계, 소화기 등 인체 전반에 영향을 미친다. 이런 영향은 산불 행동, 식생 유형, 계절, 연소 조건, 연료, 연소 단계 및 노출 정도와 같은 요인에 따라 달라진다.[98] 역학 연구에서는 산불 연기 노출과 호흡기 유해도 사이의 연관성이 일관되게 관찰되며,[99] 심혈관 부작용에 대한 증거도 증가하고 있다.[100] 진화대원들은 산불 진화 및 처방화입 작업 중 연기에 노출되는데, 높은 농도의 연기에 노출되면 호흡과 심박수가 빨라진다. 산불을 진화하느라 신체활동이 격렬해지면 위험이 더 커질 수 있다.[101] 더불어 폐 기능이 악화되며, 고혈압 증상 또한 진화대원의 경력 기간이 늘어날수록 많이 발생한다. 산불과 전신 염증,[102] 골수 함량,[103] 폐암,[104] 체력과 전반적인 건강[105]에 대한 유해성도 보고된 바 있다. 다른 직업적인 영향에는 정신 건강 등이 포함되며, 일부 진화대원은 만성적인 외상후 스트레스 증상을 보이기도 한다. 이러한 증상은 최대 7년 동안 지속되며, 더 젊고 경험이 적으며 특정 시즌에 활동하는 진화대원에게 보다 빈번하게 발생한다.

산불 연기가 공중보건에 미치는 영향에 대한 연구는 호주와 미국에서 가장 많이 수행되었다. 대부분의 연구는 산불 발생 지역과 가까운 곳에서 호흡기에 대한 산불 연기의 영향에 대한 것이었다. 연구에 따르면 산불 연기와 호흡기 질환 위험의 높은 연관성은 중년층 이상에서 더 자주 관찰되었다.[106] 호흡기로 인한 병원 방문은 다른 연령대에 비해 5세 미만의 어린이에서 더 높게 나타났으며, 특히 임신 중 산불 연기에 노출되면 조산율이 증가한다는 증거도 제시되었다.[107] 호흡기 질환 발생 외에도 산불 연기에 노출되는 것은 다양한 사망 원인과 연관될 수 있다.[108] 다만, 대기오염과 심혈관 질환 발생률 및 사망률 간의 연관성을 입증하는 연구가 많음에도 불구하고 산불 연기와 심혈관 관련 질환 간의 관계는 아직 명확하지는 않다. 산불 연기는 코로나19 바이러스를 포함한 호흡기 질환에 더욱 취약하게 만든다. 열대 이탄지 화재로 인한 대기오염이 코로나 환자의 취약성을 증가시킬 수 있다는 주장이 제기되어 왔으며,[109] 미국 서부에서 진행한 연구에서도 19,700건 이상의 코로나19 바이러스 감염 사례와 748건의 사망 원인으로 산불 연기로 인한 PM 2.5 증가를 지목했다.[110]

한편, 산불은 심리적인 영향도 미친다. 외상후 스트레스 장애 외에도 산불과 산불 연무로 인한 직간접적인 영향으로 산림이 파괴되었을 때 일부에서는 경관의 소실로 인한 심리적인 고통을 겪기도 한다. 이는 환경 변화로 인해 정서적, 실제적 고통을 겪는 일종의 우울증Solastalgia이다.

그림 1-25. 산불 노출이 건강에 미치는 영향(UNEP, 2022; 국립산림과학원, 2022)

표적기관
- 코, 입, 목
- 음식을 먹거나 숨을 들이쉴 때 코와 입으로 미립자가 침투해 눈, 코, 인후 자극
- 커다란 미립자는 기침과 재채기를 통해 제거

중추신경계
- 뇌세포에 산화 스트레스 유발
- 순환계를 거쳐 중앙신경계로 건너온 미립자로 인해 신경계 손상

호흡계
- 고운 미립자가 폐 깊숙한 곳에 침투해 호흡계에 영향(폐렴, 만성폐쇄성폐질환 등)
- 뇌세포에 산화 스트레스 유발

심혈관계
- 미립자가 폐의 가스-혈액 장벽을 넘어 순환계 도달
- 미립자가 혈액 속으로 유해 화학물질 전달

태아
- 태아 발달에 영향

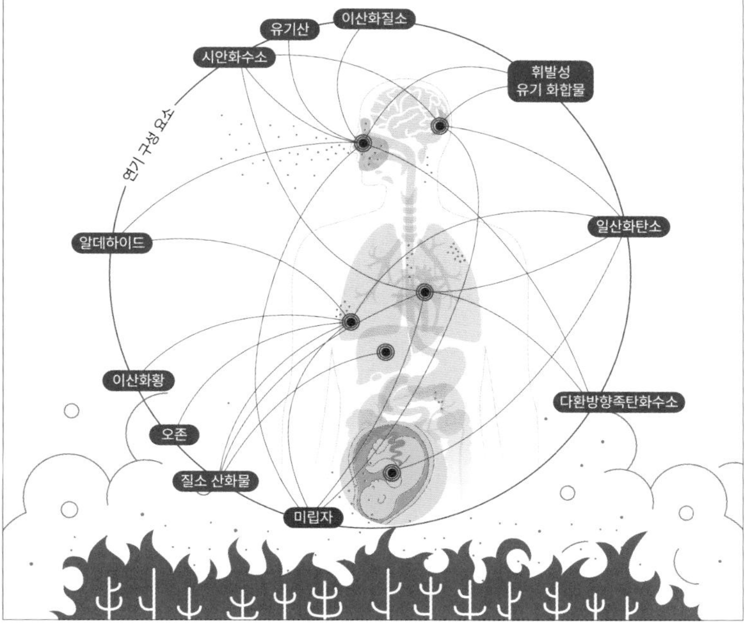

탄소 배출 증가

다량의 탄소를 저장한 이탄지와 열대우림 같은 생태계에서 발생하는 산불은 막대한 양의 이산화탄소를 대기 중으로 방출하여 지구온난화를 가속한다. 이는 탄소중립 목표 도달에 부정적인 영향을 미칠 수 있다. 이처럼 산불은 탄소순환에 있어 악순환을 가속화해 기온 상승을 멈추는 것을 더욱 어렵게 한다.

이탄지는 지구 최대 탄소 저장고 중 하나이다. 면적만 보면 지구의 지표면의 3%에 불과하지만, 전 세계 토양탄소의 30%를 저장하고 있다.[111] 이는 지구상 모든 식생 유형을 합친 것보다 훨씬 많은 양이다.[112] 탄소가 풍부한 이탄지에서 산불이 나면 온실가스 배출량이 2배로 늘어난다. 산불로 환경이 악화된 이탄지의 온실가스 배출량은 전 세계 인위적인 온실가스 배출량의 약 5%를 차지하고 있다.[113]

실제로 1997~1998년 엘니뇨 기간 동안 인도네시아 전역이 덥고 건조했던 탓에 대규모 산림 이탄지에서 산불이 통제가 불가능할 정도로 확대되었다. 규모와 피해 강도, 지속기간 등의 측면에서도 전례 없는 피해를 초래했다. 이 산불로 인한 온실가스 배출량은 그 해 화석연료 사용으로 배출된 온실가스량의 약 13~40%에 달했다.[114] 안타까운 것은 이 같은 산불로 인한 탄소 배출 현상이 점점 심화되고 있다는 점이다.

3. 대형 산불 피해

국내의 대형 산불

1996년 강원도 고성군 죽왕면 마좌리 군사격장에서 발화한 산불은 산림 3,762 헥타르를 태우고 입목 158,530m², 주택 70동, 가축 335마리 등의 경제적 피해를 초래하였다. 2000년 동해안 산불은 강원도 고성군, 강릉시, 동해시, 삼척시, 경상북도 울진군에 걸쳐 우리나라 동해안 지역 23,794 헥타르를 연소시켰다. 피해 구역의 생태계 변화를 모니터링한 결과, 산림생태계의 식물, 동물, 미생물, 토양의 회복 속도는 서로 달랐다. 숲의 외형적인 모습은 산불 이전과 비교했을 때 약 20년이 지나야 경관이 회복되는 것으로 나타났다.

2017년 5월 발생한 강릉·삼척 산불은 피해 면적 1,017 헥타르로 약 608억 원의 경제적 피해를 초래하였다. 국립산림과학원에서 산불 피해 주택의 특성을 수집하여 분석한 결과, 콘크리트 구조의 개량 주택보다는 벽체와 지붕재가 목조로 구성된 전통가옥 형태 주택의 피해가 컸다. 산림에 둘러싸인 있는 U자형 지역에 위치하고 밀도 높은 소나무림과 가까우며 산림과 이격거리 5m 이내의 주택은 더 큰 피해를 보았다. 또한 관공서와의 거리가 멀고, 차량 진입로 및 선회공간이 좁고, 주택 주변에 화목더미와 폐지 등 가연성 물질 관리 상태 불량하며, 부속 건물(비닐하우스, 샌드위치 패널)과 거리가 가까울수록 피해가 컸다.

2018년 2월에는 삼척시 노곡면 하마읍리에서 주택화재 비

그림 1-26. 우리나라의 주요 대형 산불(2000~2022)

구분	피해면적	피해액	최대풍속	이재민수
① 동해안 산불(2000)	23,794ha	360억 원	23.7m/s	299세대 850명
② 청양·예산 산불(2002)	3,095ha	60억 원	15.1m/s	32세대 78명
③ 양양 산불(2005)	973ha	276억 원	32.0m/s	191세대 412명
④ 강릉·삼척 산불(2017)	1,017ha	608억 원	23.0m/s	39세대 85명
⑤ 고성 산불(2018)	357ha	22억 원	10.0m/s	5세대 7명
⑥ 삼척 산불(2018)	161ha	7억 원	10.8m/s	-
⑦ 고성·강릉 산불(2019)	2,872ha	1,291억 원	36.6m/s	566세대 1,289명
⑧ 울주 산불(2020)	519ha	28억 원	19.1m/s	32세대 78명
⑨ 안동 산불(2020)	1,944ha	106억 원	18.8m/s	-
⑩ 울진·삼척 산불(2022)	16,302ha	8,811억 원	28.3m/s	634세대 6,447명

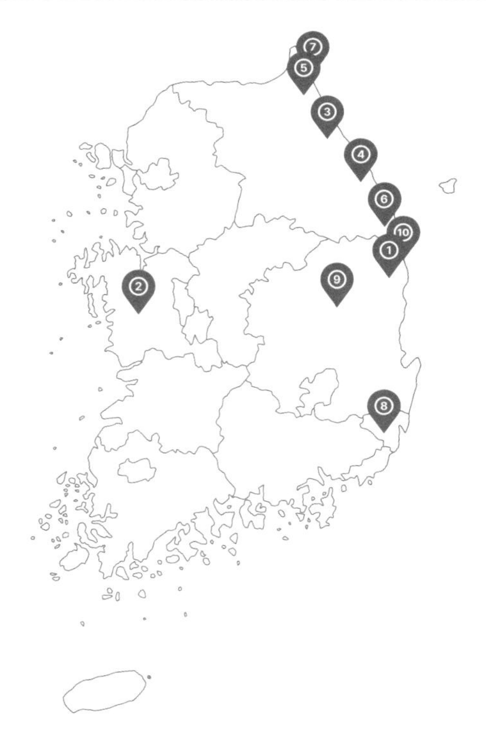

화로 산불이 발생하였다. 헬기 60대와 진화 인력 3,940명을 투입했지만, 161 헥타르의 산림피해와 77억4천만 원의 경제적 피해가 발생하였다. 2019년 4월 발생한 고성·속초, 강릉·동해 산불은 2명의 사망자와 1,300여 명의 이재민을 만들고, 주요 시설물과 주택이 1,100여 채가 소실되는 등 약 1,300억 가량의 경제적 피해를 발생시켰다.

2022년 3월 발생한 울진·삼척 산불은 16,302 헥타르에 달하는 산림을 태우며 진화에 213 시간 이상 걸려 우리나라 역사상 가장 오래 지속된 산불로 기록되었다. 강풍이 계속된 데다 산불이 야간에 발생한 탓에 헬기를 투입할 수 없었고, 시군 항공기와 군 병력 자원 투입에도 행정적 제약이 있었다. 또한 많은 인력이 투입되었지만 불을 직접 끌 수 있는 산불 진화 인력이 턱없이 부족하였고, 대응을 위한 임도 시설이 부족하였다. 재해 예방 적정 임도밀도인 8.5m/ha의 40% 수준에 불과했던 것이다. 이로 인해 산림과 가까운 시설물의 피해가 컸다. 한편, 지자체 산불 대응 역량 부족과 일부 방송사의 재난 상황 전파도 미흡하였다. 그 결과 6,447명의 주민이 대피하였고, 약 634개소의 주택 피해, 울진 소광리 소나무림 피해 등 8,811억 원가량의 경제적 피해가 발생하였다.

그림 1-27. 2017년 강릉 산불 현장 조사 결과(국립산림과학원, 2017)

피해	미피해

주변 U자형 소나무숲 및 좁은 이격거리	주변 활엽수

진입로 선회공간 협소 및 가연성 건축 자재	진입로 선회공간 양호 및 불연 건축 자재

주택 주변 가연물질 정리 불량	주택 주변 가연물질 정리 양호

표 1-10. 국내 대형 산불의 경제적 피해 규모

연도	직접 피해			간접 피해	경제적 손실
	진화용 헬기 투입	임목 피해	합계	공익적 기능 감소로 인한 사회적 비용	총비용
2016	6억 2,464만 원	94억 4,125만 원	100억 6,589만 원	64억 6,373만 원	165억 2,962만 원
2017	11억 551만 원	369억 9,125만 원	381억 4,635만 원	253억 2,519만 원	634억 7,154만 원
2018	7억 9,239만 원	223억 5,175만 원	231억 4,414만 원	153억 261만 원	384억 4,675만 원
2019	10억 4,320만 원	813억 8,375만 원	824억 2,695만 원	557억 1,749만 원	1,381억 4,444만 원
2020	9억 9,048만 원	729억 9,450만 원	739억 8,498만 원	499억 7,399만 원	1,239억 5,897만 원
2016~2020 5년 평균	9억 1,124만 원	446억 3,200만 원	455억 4,324만 원	305억 5,660만 원	760억 9,984만 원
2011~2010 10년 평균	7억 5,676만 원	275억 8,700만 원	287억 4,376만 원	191억 6,065만 원	479억 441만 원

* 2011~2020년 10년 평균 비용 대비 2016~2020년 5년 평균 비용 모두 증가

그림 1-28. 2016~2022년 국내 산불 발생 건수 및 피해 면적

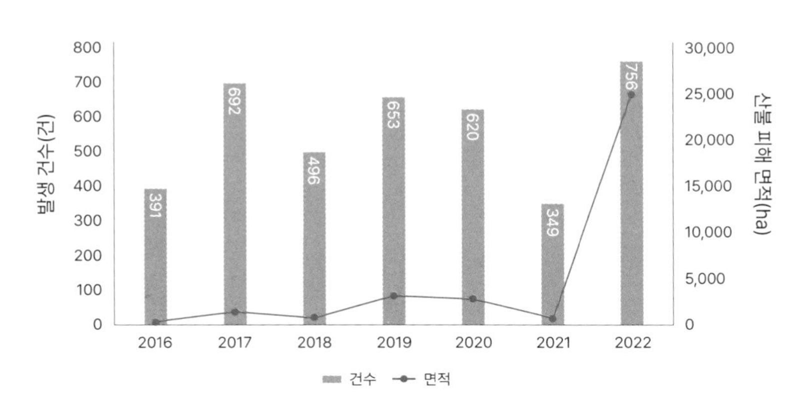

국외의 대형 산불

미국

미국 캘리포니아주에서는 주로 9~10월, 여름부터 가을까지 대형 산불이 많이 발생한다. 산불의 피해 규모는 2010년 이후 해마다 증가하고 있다. 대형 산불의 주요 원인은 기후변화로 인한 건조 및 이상고온 현상으로, 폭염과 가뭄이 산불이 발생하기 쉬운 환경을 조성한 탓이다. 2021년 캘리포니아에서 역대 최대 피해를 기록한 딕시 산불의 원인도 기후변화로 인한 열돔 현상이었다.

캘리포니아에서는 2018년에만 7,948건의 산불이 발생하여 799,289 헥타르의 산림에 피해를 주었고 100여 명의 인명 피해와 24,226개의 시설물 파괴를 초래했다. 2018년 11월 8일, 캘리포니아주 나파밸리 북부에서 발생한 울시Woolsey 산불은 겨울철 건조한 기후와 강풍을 타고 순식간에 캘리포니아 전역으로 확산되었다. 2019년 1월 4일, 약 56일 만에 산불이 진화되었는데 그동안 산림 39,243 헥타르와 3명의 인명 피해를 입었으며 시설물 2,007개가 파괴되었다. 2020년에는 8,648건의 산불이 1,741,920 헥타르의 산림과 33명의 인명 손실을 초래했고 11,116개의 시설물을 파괴했다. 2021년에도 산불 피해는 어김없이 이어졌다. 7,396건의 산불이 1,039,794 헥타르의 산림 피해와 3명의 인명 피해를 유발했고 3,846개의 시설물을 파괴했다. 특히 7월 13일 발생한 딕시 산불은 10월 14일까지 약 3개월간 불타며

389,837 헥타르의 산림 피해, 1명 사망, 1,311개의 시설물 파괴를 야기하였다. 딕시 산불은 캘리포니아 역사상 두 번째로 큰 산불이자 피해 규모로는 사상 최악의 산불로 기록되었다.

호주

2019~2020년에 발생한 호주 산불은 발생 건수와 피해 면적, 세계에서 인구가 가장 많은 지역에 미친 직접적인 영향 측면에서 가장 심각한 산불로 꼽힌다. 진화대원을 포함한 33명이 산불 진화 중 사망했으며 산불의 간접적인 영향으로 429명이 조

그림 1-29. 2019~2020년 호주 산불의 피해 범위 및 심각성(UNEP, 2022; 국립산림과학원, 2022)

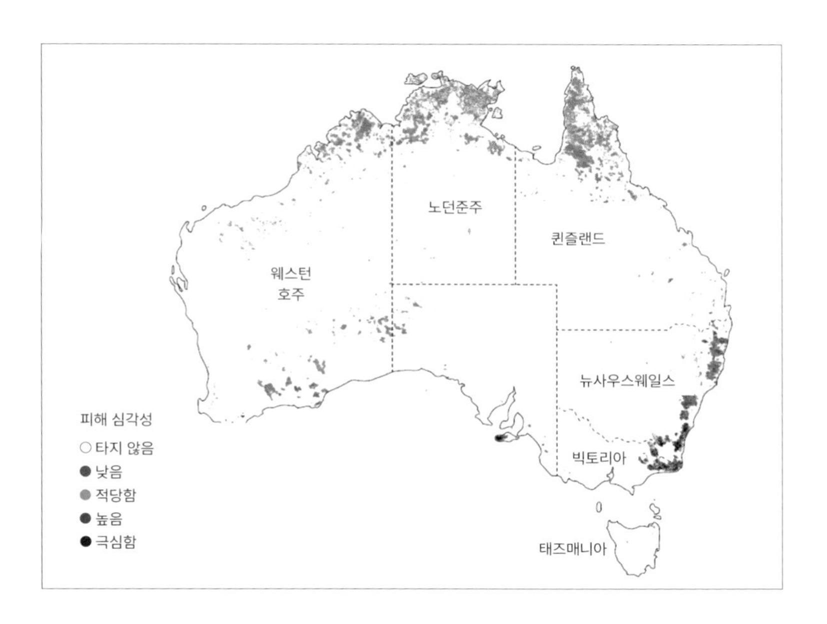

기사망하였다. 산불 기간 내내 건조하고 더운 날씨가 지속된 탓에 대부분의 산불이 마른번개와 같은 자연발화원에 의해 발생했는데, 강풍까지 자주 불어 진화에 상당한 어려움을 겪었다.

캐나다

캐나다에서는 연평균 7,000건 이상의 산불이 발생하며, 연평균 약 250만 헥타르의 산림이 산불로 소실된다. 대부분의 산불은 4월에서 9월 사이에 발생하는데, 울창한 산림과 주거지가 인접한 곳이 많아 산불 피해가 크다.

2021년 약 4,307,520 헥타르의 산림이 5,254건의 산불로 소실되었다. 특히 6월 30일에 발생한 리튼 크릭Lytton Creek 산불로 83,740 헥타르의 산림피해가 발생했으며 2명이 사망하였다. 산불 발생 전날 기온이 49.6℃까지 치솟았고, 덥고 건조한 조건에서 최대 시속 71km의 바람이 불면서 산불이 시간당 약 10~20km씩 확산했다. 7월 13일에 발생한 화이트 록 레이크White Rock Lake 산불은 약 83,342 헥타르의 산림피해, 110개의 시설물 피해를 일으켰다.

인도네시아

1997년, 칼리만탄과 수마트라, 술라웨시 등지에서 경작지를 개발하기 위해 열대우림에 놓은 불이 가뭄과 겹치면서 걷잡을 수 없을 정도의 산불로 확산되었다. 산불은 밀림 전역으로 퍼지면서 엄청난 양의 연무를 발생시켰는데, 인도네시아는 물론 말레이시아와 싱가포르의 하늘까지 뒤덮었을 정도였다. 이로 인한 경제적 피해만 90억 달러로 추산되었다. 이상고온과 건조로 인해 산불이 크게 확산된 상황에서 계속된 이상기후로 우기에도 비가 내리지 않아 6월에 시작된 산불은 12월 초까지 계속 확산되었다. 그러는 사이 칼리만탄과 수마트라 일대의 열대우림 약 30만 헥타르가 파괴되었다. 비가 내리면서 산불은 가까스로 잦아들었지만 비에 재가 섞여 내리는 등 간접적인 산불 피해로 지역 주민 2천만 명이 호흡기 및 안구 질환으로 고통을 받으면서 20세기 최악의 재앙으로 기록되었다.

인도네시아의 수마트라, 칼리만탄에서는 이상고온과 건조한 기후로 인해 매년 기록적인 산불이 발생하는데, 불이 붙기 쉬운 식물 유해가 뒤섞인 이탄지의 땅속 불씨가 잘 꺼지지 않아 진화에 어려움을 주고 있다.

중국과 러시아

1987년 5월 6일, 중국 북동부의 다싱안링산맥의 침엽수림에서 중국 역사상 최악의 산불이 발생하였다. 이 불은 한 달가량 지속되다 6월 2일에 진화가 완료되었다. 그러는 사이, 중국과 러시아 전역 목재 매장량의 6분의 1을 포함한 730만 헥타르에 달하는 산림이 파괴되었다. 산불은 러시아로도 확산되며 211명이 사망하고, 약 266명이 부상당했다. 그 해 산불이 발생한 흑룡강성 아무르강 주변 지역은 유난히 더웠고, 가뭄으로 산림 내 초목이 바짝 마른 상태였다.

중국과 러시아 모두 이 산불로 인해 큰 피해를 보았는데, 대응 방식은 달랐다. 그리고 이는 산불 피해의 차이로 이어졌다. 중국은 첨단 진화 장비가 부족함에도 6만 명이 넘는 군인과 진화대원을 보내며 산불 진화를 위해 많은 노력을 기울였다. 해당 산림은 중국의 주요 목재 공급원이자, 산불이 발생한 산림이 사막과 가까워 중국 북부 사막화의 원인이 될 우려가 있었기 때문이다. 반면 러시아는 목재 공급원인 산림이 국가 전역에 널리 분포하고 있었기 때문에 산불 진화에 큰 노력을 기울이지 않고 국경 쪽에서 자연 진화되도록 방치하였다. 그 결과, 총 730만 헥타르의 산림피해 중 중국 지역의 피해는 1,214,057 헥타르에 그친 반면 러시아에서는 중국의 약 5배에 해당하는 6,070,285 헥타르의 산림이 소실되었다. 산불 피해 지역은 더이상 목재를 생산할 수 없을 정도로 파괴되었으며, 재산 피해액은 약 18억 달러로 추정되었다. 이 산불은 산불 진화 대응 방식과 산불이 지역 환경에 미치는 영향을 입증하며 전 세계적으로 정부가 산림환경을 개선해야 한다는 필요성이 대두되었다.

러시아 시베리아 동토에는 침엽수림인 '타이가' 산림이 빈틈없이 빽빽하게 들어차 있다. 기후변화로 인한 이상고온과 건조 현상으로 해마다 기록적인 산불이 발생하는 곳이다. 지난 2019~2020년, 2년 사이에 시베리아 일대에서는 산불로 약 930만 헥타르 이상의 산림이 소실되었다. 2021년에는 200여 곳에서 동시다발적으로 산불이 발생하여 우리나라 산림의 3배에 달하는 약 2천만 헥타르의 산림이 소실되었으며, 배출된 이산화탄소량만 5억 5백만 톤 이상으로 추정되었다. 매년 대형 산불이 발생하는 주원인으로 기후변화가 지목되고 있다. 2019~2020년 시베리아 북극 지역의 여름 평균 온도는 10°C를 넘은 것으로 측정되었다. 더 큰 문제는 지구온난화가 시베리아의 산불과 이산화탄소 배출 문제를 악화시키고 있으며, 산불로 인해 배출된 이산화탄소가 다시 기후변화를 가속화하는 악순환이 반복되고 있다는 것이다.

남미 판타나우

브라질과 볼리비아, 파라과이 일부에 걸친 판타나우는 약 150만 헥타르에 달하는 세계 최대의 열대 습지로 일부는 생물권보전지역 및 유네스코 세계문화유산으로 지정되었다. 이곳은 재규어*Panthera onca*, 거대 수달*Pteronura brasiliensis*, 습지 사슴*Blastocerus dichotomus*, 히아신스 마코앵무*Anodorhynchus hyacinthinus* 등 수천 종의 멸종위기종의 서식지이자 남미에서 야생동물이 가장 많이 서식하는 곳으로 알려져 있다.

판타나우는 2019년부터 심각한 가뭄을 겪었는데, 2020년에는 고온건조한 기후로 인해 식생의 가연성 임계값이 1980년 이후 가장 높은 수치를 기록했다.[115] 그 결과, 2020년에 초대형 산불이 발생하여 생물군계의 3분의 1에 달하는 약 400만 헥타르가 연소되었다. 또한, 원주민 토지의 많은 면적과 개간된 지역 그리고 멸종위기종의 서식지가 파괴되었으며, 세계에서 고양이과 동물이 가장 밀집된 지역인 엔콘트로 다스 아구아스Encontro das Águas 국립공원과 같은 보호지역이 완전히 연소되었다.[116] 산불로 인한 이 지역 동식물의 총 피해 범위를 평가하는 데 수 개월이 걸렸으며, 산불 피해 규모와 강도가 광범위하여 산불 발생 이전으로는 완전하게 회복되지 못할 수도 있다는 우려도 제기되고 있다.[117]

일반적으로 산불이 발생한 산림은 수십 년 동안 산불이 발생하지 않은 산림에 비해 바이오매스의 양이 상당히 적고, 회복도 느리다. 산불피해지의 바이오매스량이 산불 발생 후 31년 동안 피해를 입지 않은 지역에 비해 25%가량 적다는 연구결과도 있다.[118] 바이오매스량의 감소는 수관부 파괴와 높은 고사율로 인하여 발생하며, 이는 산불에서 살아남은 나무나 새로운 나무의 성장만으로는 회복되지 않는다.[119]

그림 1-30. 판타나우 산불 피해 구역(UNEP, 2022; 국립산림과학원, 2022)

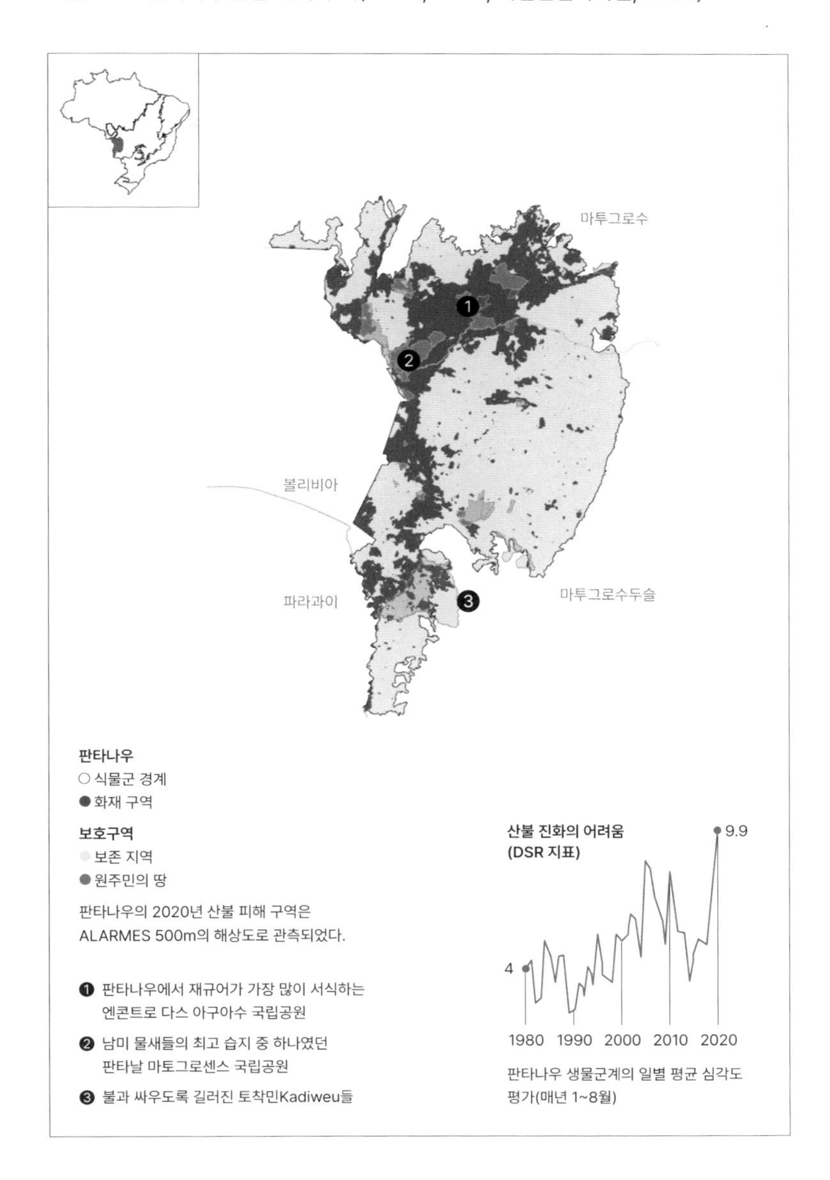

2

산불 피해 방지와 복원

산불 확산의 3요소는 지형, 기상, 연료이다. 이 중 연료는 인간의 힘으로 변화시킬 수 있는 유일한 인자이다. 연료 관리 방법인 숲가꾸기는 산불 관리 측면에서 아주 유용하다. 또한 숲가꾸기는 산림의 생태계 서비스를 향상시킨다. 숲가꾸기로 산불의 크기와 피해를 줄이려면 산림의 구조 및 연료의 양과 질에 대한 정보를 알아야 한다. 이 정보들을 어떤 방법으로 신속하고 정확하게 취득할 수 있느냐가 기술의 핵심이다.

1장.
숲가꾸기와 산불 연료 관리

글.
박병배(충남대학교 산림환경자원학과 교수)
노남진(강원대학교 산림과학부 교수)
김성용(국립산림과학원 산불·산사태연구과 연구사)
이선주(국립산림과학원 산불·산사태연구과 연구원)
한시호(충남대학교 농업과학연구소 연구원)

1. 숲가꾸기

생태계 서비스와 숲가꾸기

숲가꾸기forest tending는 인공 조림지나 천연림이 건강하고 우량하게 자랄 수 있도록 숲을 가꾸고 키우는 것이다. 숲 조성 목적을 기반으로 숲의 나이(임령)와 상태에 따라 가지치기, 어린나무 가꾸기, 솎아베기, 천연림 가꾸기 등을 시행한다.[1] 숲가꾸기와 같은 산림자원 육성작업은 보통 조림지에서 어린나무가 자라서 수확기에 이를 때까지 나무의 생장을 증가시키고, 임분 생산능력 증진, 개체목 형질 향상 등을 위해 시행한다. 동시에 적절한 숲가꾸기는 산림의 다양한 생태계 서비스를 향상시킨다.

일제강점기 자원 수탈과 한국전쟁으로 황폐해졌던 우리나라는 단기간에 다시 푸르러졌다. 대부분의 국토가 민둥산이던 시절에는 적은 비에도 홍수가 나고 가뭄 피해가 가중되곤 했다. 1967년 산림청이 문을 연 후 무분별한 몰래베기를 방지하고, 전국민이 참여하는 산림녹화사업을 진행하며 경제성장과 함께 산림녹화에 성공한 덕분에 산림재해도 줄어들었다. 문제는 1970~

그림 2-1. 나무심기(조림)부터 수확기까지 숲가꾸기 작업(산림청, 2019)

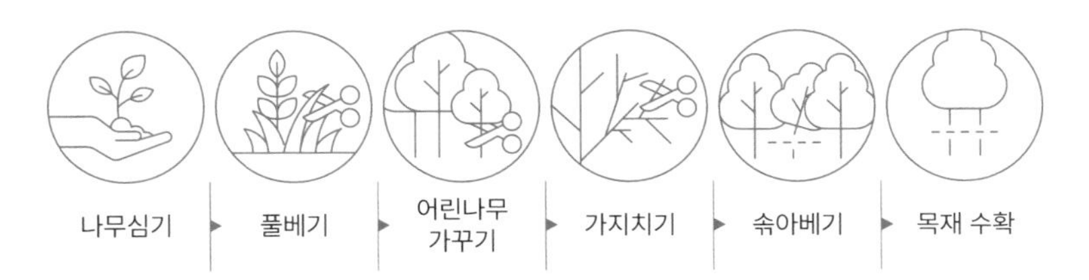

1980년대에 조성된 산림은 이제 임령 40~50년을 넘기며 생장이 둔화되는 단계라는 점이다. 세계적으로 유례를 찾아보기 어려울 만큼 짧은 기간에 집중적인 조림 시행으로 산림녹화에 성공했지만, 이로 인해 현재 영급 불균형과 임목밀도 과밀화가 심각한 상태이다. 또한 훼손된 지역을 빠르게 회복시키기 위해 리기다소나무, 아까시나무, 포플러류 등 속성수 위주로 산림을 조성하였다. 이러한 산림은 날로 발전하는 숲에 대한 국민의 다양한 요구와는 거리가 있다. 이에 부응하려면 과학적 근거에 기반한 적극적인 숲관리가 필요하다. 지역별로 다양한 숲에 대하여 적정한 숲가꾸기를 시행한다면 산림의 공익적 가치를 높이고 산불을 예방할 수 있으며 산불의 대면적 확산도 방지할 수 있다.

그런데 숲가꾸기에 관한 부정적인 의견이 일부 제기되고 있다. 2000년대 들어 크고 작은 산불이 발생한 이유가 바로 적절하지 않은 숲가꾸기와 그 후 방치된 산물 때문이라는 것이다. 우리나라 소나무림에서 숲가꾸기를 하여 나온 벌채 산물이 지표연료량을 평균 2.7배, 수관화 전이 위험성은 약 2배 증가시켰다는 연구가 있기는 하지만[2] 숲가꾸기는 산불이나 수해와 같은 산림재해를 예방하고 확산을 확실하게 감소시킨다. 솎아베기와 같은 방법으로 숲의 연료물질을 적절하게 제거하면 잠재적으로 산불을 예방하고 확산을 감소시킬 수 있다.[3] 또한 나무 뿌리의 발달을 촉진해 주변 토양을 지탱하는 말뚝효과와 그물효과를 높여 수해 피해를 예방할 수 있다.[4] 다만, 대형 산불 피해를 줄이려면 연료 관리 차원에서 다양한 숲가꾸기 방법의 효과에 대해 보다 많은 실증 연구가 절실한 시점이다.

숲가꾸기는 또한 생태계 서비스도 눈에 띄게 향상시킨다. 문화재 복원이나 건축, 가구 제작에 사용되는 큰지름원목(대경재, 80년) 생산을 목표로 숲가꾸기를 한 임분◆의 탄소흡수량은 방치된 곳에 비해 소나무림과 참나무림에서 각각 42.7%, 36.8% 증가하였다. 또한 헥타르 당 소나무림은 117,200톤, 상수리나무림은 73,600톤의 물을 추가 공급한다. 큰지름원목 생산을 목표로 숲가꾸기를 하면 임목축적은 소나무림의 경우 1.43배, 상수리나무림은 1.37배 증가하며 가격이 매우 높은 원목을 생산할 수 있다.

기능에 따른 숲가꾸기

전통적인 숲가꾸기는 보다 많은 우량 대경재 생산이 목표였다. 그러나 최근에는 산림자원의 가치를 높이고 동시에 숲의 건강성과 생태계 서비스를 증진하기 위해 숲가꾸기를 한다.

우리나라는 산림의 공익적 가치를 증진하기 위해 숲을 목재생산림, 수원함양림, 산지재해방지림, 자연환경보전림, 산림휴양림, 생활환경보전림 등 6개 기능으로 구분하고 기능별로 적합한 숲가꾸기를 수행하고 있다. 숲가꾸기 사업은 크게 경제림가꾸기와 공익림가꾸기로 나눌 수 있다. 전자는 경제림 육성단지 등 목재 생산을 주목적으로 하는 목재생산림이며, 공익림가꾸기에는 목재생산림을 제외한 수원함양림, 산지재해방지림, 자연환경보전림, 산림휴양림, 생활환경보전림 등이 포함된다.

◆ 임분: 나무의 종류와 나이, 생육 상태가 비슷해 주위와 구분되는 숲의 범위.

표 2-1. 산림 기능별 산림면적 및 임목축적(산림청, 2019)

산지 기능 구분	산림면적, 천 ha(비율, %)	임목축적, 천m³(ha당 임목축적, m³/ha)
목재생산림	2,325 (36.7)	318,457 (137.0)
수원함양림	902 (14.2)	131,450 (145.8)
산지재해방지림	512 (8.1)	70,643 (137.9)
자연환경보전림	1,378 (21.7)	220,361 (159.9)
산림휴양림	585 (9.2)	90,684 (155.1)
생활환경보전림	333 (5.3)	47,663 (143.1)
기타	301 (4.8)	45,552 (151.5)
총계	6,335 (100.0)	924,810 (146.0)

조림지의 숲가꾸기

풀베기(weeding)

묘목의 생장을 방해할 수 있는 잡초나 불필요한 잡목을 제거하는 작업.

토양 내 수분과 양분 경쟁을 완화하여 묘목의 생장을 증진하고 동시에 수종 간 경쟁에서 도태된 묘목이 다른 나무에 압도되는 상태인 피압被壓을 방지하고, 병해충 발생을 저감하는 효과가 있다. 모든 잡초목을 제거하는 모두베기, 묘목을 심은 줄을 따라 잡초목을 제거하는 줄베기, 묘목 주변의 잡초목을 제거하는 둘레베기가 있다.

그림 2-2. 풀베기 방법(산림청, 2011)

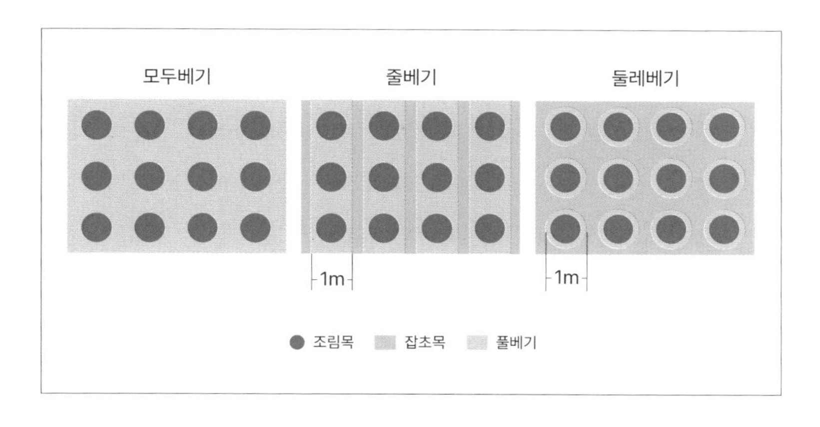

어린나무 가꾸기(young tree tending)

묘목이 임관(숲 지붕)을 형성한 후부터 솎아베기를 할 때까지 주로 침입수종을 제거하고 조림목 중 생장과 형질이 나쁜 나무를 제거하는 작업.

가지치기(pruning)

나무의 가장 윗부분인 수관을 구성하는 가지의 일부를 계획적으로 제거하는 작업.

하층림에 빛이 잘 들게 해 나무의 생장을 촉진하고, 산불 등의 재해를 줄이며 옹이가 없는 우량한 목재를 생산할 수 있는 장점이 있다. 반면, 나무의 생장이 감소할 수 있고 노무비가 증가한다는 단점도 있다.

솎아베기(thinning)

미숙한 임분에서 나무의 생장을 촉진하고, 유용한 목재의 총생산량을 증가시키기 위해 일부 벌채하는 작업.

일반적으로 조림을 할 때 헥타르 당 3,000~4,000본의 묘목을 심는다. 나무를 심을 때는 묘목의 크기가 비슷하고 대체로 동일 수종이며 개체 간의 거리가 멀어 빛과 양분, 수분 경쟁이 생기지 않는다. 그러나 나무가 자랄수록 가지가 서로 닿으면서 수관이 막혀서 빛과 토양 내 수분, 양분에 대한 경쟁이 발생한다. 이런 상황에서는 나무의 유전적 차이와 조림지의 환경 및 식재 당시 작업 차이에 따라 나무들 사이에서 우열이 발생한다. 이때 솎아베기를 해 이용 가치가 떨어지는 열세목을 제거하면 임분 전체에서 생산되는 목재의 질과 양을 향상시킬 수 있다. 솎아베기는 나무 지름의 생장을 촉진해 나이테의 폭과 생산된 목재의 형질, 병해충 저항력을 증가시킨다. 또한 우량한 나무를 남김에 따라 유전적 형질도 향상시킬 수 있다. 임목밀도를 줄여 산불의 위험을 낮추고, 부가 수익을 창출할 수 있으며, 입지조건을 개량하는 효과도 있다.

그림 2-3. 강원도 정선 지역 소나무림에서 솎아베기를 하지 않은 곳(좌)과 한 곳(우)

천연림 보육

자연 형태의 천연림에서 다양한 숲가꾸기를 시행해 형질이 우량한 나무로 유도하는 작업.

주로 우량 대경재를 생산할 수 있는 천연림이나 인공림에서 시행한다. 나무의 형질이 불량해 우량 대경재를 생산할 수 없는 곳에서는 천연림 개량을 시행한다.

2. 산불 연료

산불 확산에 영향을 미치는 지형, 기상, 연료 중 지형과 기상은 인간의 힘으로 변화시킬 수 없는 불가항력 인자이다. 반면, 산불의 연료가 되는 나무는 양과 배열 등 여러 특성을 조절할 수 있다. 그래서 연료는 인간이 관여할 수 있는 유일한 인자로 산불 관리 측면에서 아주 중요하다.

높이로 구분하는 산불 연료

산림에는 큰키나무(교목, 아교목) 아래 작은키나무와 고사목, 풀 종류(초본류)와 낙엽층이 수직으로 배열되어 있다. 이러한 수직적 산림구조에서 산불 연료는 크게 공중(수관) 연료, 지표 연료, 지중 연료로 나뉘며, 각각의 연료는 다양한 산불의 크기에 영향

그림 2-4. 산불 연료의 종류(Keane, 2016)

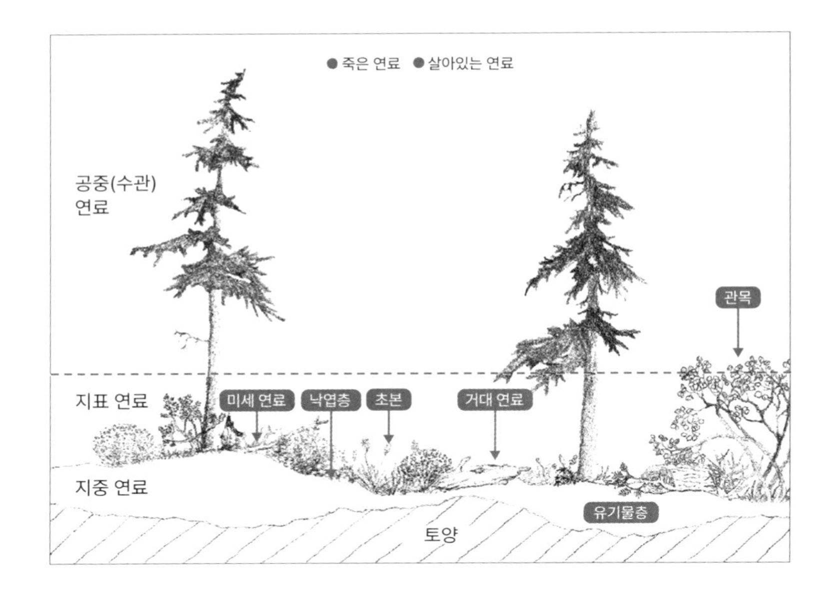

을 미칠 수 있다.

지표 연료(surface fuels)

지표 연료는 사람의 키(약 1.8m) 이하에 자리한 초본과 낙엽, 관목, 덤불류 등이다. 산불이 최초 발화되는 지점 주변에서 불이 쉽게 붙는 영역으로, 불의 강도가 약할 때 연소 물질로 작용한다. 지표 연료는 죽은 연료detritus와 살아있는 연료live fuels로 나눌 수 있다. 죽은 연료는 낙엽과 떨어진 나뭇가지 등으로 크기에 따라 초미세, 미세, 거대 연료로 구분되며, 살아있는 연료는 풀과 관목으로 광합성을 하는 식물체를 말한다.

공중 연료(aerial fuels)

1.8m보다 높이 위치한 연료로 나무에 붙어있는 생잎, 나뭇가지와 서 있는 고사목 등이 해당된다. 공중 연료 영역에 불이 붙으면 2차원 형태의 불이 3차원 형태인 수관화로 발전하게 된다. 공중 연료의 비율은 수관canopy 또는 crown 연료가 대부분이며, 생잎과 미세한 가지로 구분된다. 수관 연료에는 수분이 많아서 열 전달에 꽤 오랜 시간이 소요된다. 그러나 불이 붙는 임계점을 벗어나 화염 전이가 이루어지면 열 강도가 강해지고, 불이 오래 지속되는 특징이 있다. 수관화가 발생할 경우, 생잎은 모두 연소되며 가지는 1/4인치(0.64cm) 이하의 가지만 연소된다.[5] 경우에 따라서 직경 1cm 이하까지도 연소된다는 연구결과도 있다.[6] 결론적으로 수관화가 일어나면 잎과 1cm 이하의 가지가 주로 연소된다고 볼 수 있다. 그래서 이러한 연료를 '연소가능한 연료available fuel'라고 부른다.[7]

지중 연료(underground fuels)

지중 연료는 지표면 아래에서 부식되는 낙엽층, 뿌리와 기타 목질 유기물층을 의미한다. 연료가 치밀하게 엉킨 탓에 공기순환이 잘 안돼 산불 진행 속도가 현저히 느리다는 특성이 있다. 지중 연료는 확산의 주요 요인은 아니지만 불씨가 오래 지속되기 때문에 재불을 일으킬 가능성이 있다. 북미, 호주, 유럽 등에서 좀비 불zombie fire이라는 별명을 가지고 있다. 확산은 느리지만, 불이 붙었다는 것을 좀처럼 감지하기 어렵고 예측이 불가능하여 진화하기 어려운 산불로 인식되고 있다. 지중화는 대부분 인도네시아, 브라질 등과 같은 이탄지 원시림과 열대림이 많이 분포한 지역에서 발생한다.

최근 우리나라 산림이 중·장령림으로 변하면서 지중 연료가 증가하고 있다. 그래서 산불이 지표층 깊은 곳까지 침투하여 끄기도 어렵고 진화 이후에도 재불이 많이 발생하는 실정이다.

사다리 연료(ladder fuels)

지표 연료와 공중 연료를 연결하는 연료층을 사다리 연료라고 한다. 사다리 연료가 많을수록 불이 지표화에서 수관화로 전이될 가능성이 커진다. 즉, 불길이 거세질 확률이 높아지는 것이다.

공중 연료 아래 구성된 침엽 수종에 따라 사다리 연료의 작용이 결정된다. 미국에서 자생하는 로지폴소나무*Pinus contorta*, 폰데로사소나무*Pinus ponderosa* 등은 산불에 적응된 나무

그림 2-5. 우리나라 소나무림(좌)과 미국의 폰데로사소나무림(우; USDA, 2023)의 사다리 연료 비교

로 불에 의해 구과가 열려 발아되는 수종이며, 더글라스전나무*Pseudotsuga menziesii*는 햇빛이 적어도 견딜 수 있는 음수陰樹이기 때문에 대부분 같은 나무가 하층부를 구성하고 있다. 따라서 사다리 연료 또한 대부분 산불에 약한 침엽수가 분포하여 불의 연결고리 역할을 한다.

그러나 우리나라 산림의 소나무*Pinus densiflora*는 극양수極陽樹이기 때문에 하층에는 불에 강한 내화수종으로 분류되는 활엽수가 대부분을 차지하고 있다. 활엽수는 산불이 많이 발생하는 시기에 잎을 틔우지 않아 부피당 차지하는 연료량이 적다. 그래서 불을 연결할 만한 열량 자체를 만들어내지 못하므로 미국 등과 비교했을 때 우리나라 산림에서 사다리 연료의 연결고리 역할은 다소 낮다.

활엽수보다 취약한 침엽수

사시사철 뾰족한 잎이 달린 상록침엽수와 겨울이 되면 잎을 떨구는 낙엽활엽수는 연료의 성분, 구조 등이 많이 다르다. 침엽수는 목재, 형성층, 잎, 가지 등에 송진resin이나, 테르펜terpene과 같은 휘발성 물질을 함유하고 있어 활엽수에 비해 발열량이 많다. 2016년 국립산림과학원에서 침엽수 낙엽과 활엽수 낙엽을 태워 화염 높이와 유지 시간을 비교하였더니 침엽수의 화염 높이가 약 1.7배, 화염 유지 시간은 2.5배 긴 것으로 나타났다.

불이 붙는 온도는 소나무가 540℃ 이하로 산불에 가장 취약했으며 활엽수는 대부분 550℃ 이상에서 착화(발화)되었다.

침엽수는 활엽수에 비해 여러모로 산불에 취약하다. 침엽수의 낙엽은 활엽수보다 분해가 느려 낙엽층이 두껍게 퇴적되는 특징이 있고, 나무껍질(수피)도 상대적으로 얇아 화염에 견딜 수 있는 저항성이 현저히 떨어졌다. 잎의 모양으로 보아도 침엽수의 잎은 활엽수보다 부피 대 면적 비율이 높아서, 동일한 부피 안에 침엽수의 잎의 양이 많았다.

그림 2-6. 우리나라 주요 수종의 발화 온도 및 발열량(국립산림과학원, 2016)

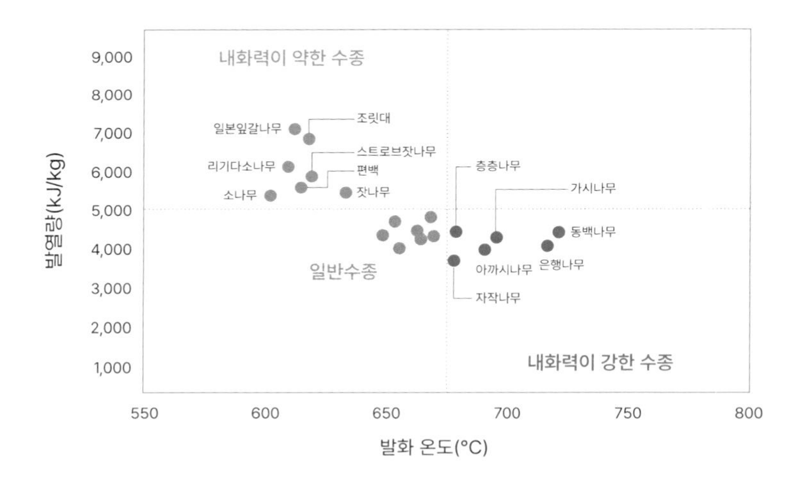

표 2-2. 주요 나무의 불이 붙는 온도(국립산림과학원, 2016)

소나무 532°C	잣나무 541°C	스트로브잣나무 538°C	리기다소나무 505°C	편백 565°C	일본잎갈나무 540°C
굴참나무 598°C	신갈나무 590°C	졸참나무 550°C	상수리나무 538°C	생강나무 610°C	쇠물푸레나무 610°C

산불 연료 모델

연료 모델의 필요성

산불을 예방하려면 숲에 있는 가연물질의 특성을 파악해야 한다.[8] 국외에서는 다양한 가연 연료 인자를 정리한 연료 모델fuel model을 개발하여 확산 예측과 예보 시스템에서 활용하고 있다.[9] 다양한 프로그램(FARSITE, FDS, WFDS)이 연료 모델로 활용되고 있는데 이 프로그램들은 산불에 영향을 미치는 기상, 지형, 가연 연료 인자를 바탕으로 산불을 정확하게 예측할 수 있도록 산불확산함수를 개발하여 제작되었다.[10] 특히 산림과 대지 구조에 따른 가연 연료의 특성을 파악해 정량화된 연료 모델을 개발하여 탑재함으로써 수관 연료량, 화염 길이, 지표층 연료량, 확산 강도, 수관 연료 밀도, 확산율 등 여러 연료 인자가 산불 확산을 예측할 때 활용되도록 구성되었다. 이처럼 연료 모델은 산불 위험 예보, 확산 방향과 속도 예측 시스템을 개발하는 과정에서 중요한 정보로 활용될 수 있다.

국외 산불 연료 모델

미국 산림청은 1964년, 2개의 연료 모델로 구성된 산불위험등급시스템을 개발하여 사용해오다 1972년 9개, 1977년 20개의 연료 모델로 지속 발전시켰다.[11] 이러한 연료 모델은 산불 행동을 정량적으로 평가하는 기반이 되고 있다. 지금은 알비니와 스톡스가 1985년에 표로 작성한 13개의 연료 모델을 사용하고 있으며, 연료 모델에 기반한 산불 행동(산불 확산 속도, 화염 길이)을 추정할 수 있는 모델로 고도화하고 있다. 1997년부터는 연료 모델을 기반으로 하여 미국 전역 48개 주에 대한 연료 모델 지도를 개발하였다.[12] 이 연료 지도는 1km의 해상도를 가지고 있으며, 미국의 토지피복도 제작에 사용한 위성 이미지와 미국 전역에서 샘플링한 2,560개의 지상 자료를 기반으로 제작되었다.[13]

그림 2-7. 미국의 산불 연료 지도(Burgan 등, 1999)

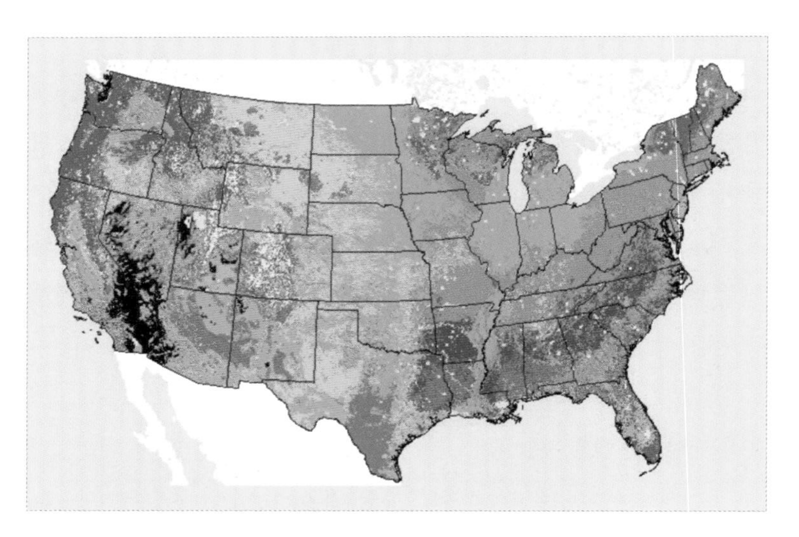

○ 그 외 지역
● 서부 초본류
● 떡갈나무
● 초원 잔디류
● 남부 관목, 초본 및 잔디
● 활엽수림 내 유기물층
● 초본류
● 짧은 침엽수 잎, 고사목(심)
● 짧은 침엽수 잎, 고사목(중)
● 강도(심) 간벌목
● 강도(중) 간벌목
● 강도(약) 간벌목
● 다년생 초본류
● 농작물
● 억새류
● 해안가 고원 습지
● 남부 소나무
● 알래스카 검은 가문비나무
● 활엽수림 내 유기물층(여름)
● 툰드라
● 산쑥지대
● 서부 소나무
● 물
● 척박임지
● 습지

캐나다에서는 미국의 연료 모델을 기반으로 현실에 맞게 연료 유형을 재정립한 모델을 사용하고 있다. 연료형을 침엽수림, 활엽수림, 관목림, 초지, 혼효림으로 분류하고, 그 안에서 침엽수림 7개, 초본류 2개, 혼효림 5개, 활엽수림 2개, 관목류 3개로 표준화시켰다. 현재 캐나다 산불행동예측시스템FBPS; Forest Fire Behavior Prediction System에 탑재되어 있으며 기상, 수분, 경사, 고도, 산불 발생 위치, 연료 수분 인자와 조합해 산불 확산 속도, 연소량, 강도, 수관화 여부 등을 판단하는 등 다양한 산불 시나리오를 생산하고 있다.[14]

유럽의 산불 연료 모델은 유럽산불정보시스템 개발과 발맞추어 진행되었으며, 국가별로 연구를 지속하며 연료 모델을 개선하고 있다. 2010년 이후 산불 피해가 증가하면서 산불 연료 모델 구축에 대한 많은 예산을 투자하고 있는데, 특히 2011년부터는 산불 시뮬레이션과 효과적인 산불 예방 및 피해 저감 방안을 설계하고 시스템화하는 프로젝트(ArcFUE)를 진행하고 있다.[15] 최근까지 포르투갈과 그리스 등을 중심으로 산불 연료 지도를 정밀하게 제작하였으나, 그 외 다른 국가들은 연료 모델을 정밀하게 구축하지 않은 상황이다. 2022년 유럽 전역에 대한 연료 분포를 추정한 연구도 있었으나 해상도가 1km에 불과하며, 특히 북유럽 지역의 연료 정보는 정확도가 떨어지는 실정이다.[16]

우리나라 산불 연료 모델

국립산림과학원은 2010년부터 연료 모델 개발 연구를 진행하였다. 연료의 유형을 크게 지표층과 수관층으로 분류한 후 국가산림자원조사와 수치 임상도에서 분류하는 임상 속성 코드(영급, 경급, 소밀도)◆를 기준으로 모델을 구축한 것이다. 이때 지표층 연료는 가지 연료를 크기별(1, 10, 100, 1,000시간 연료)로 분류하고, 낙엽 연료량은 낙엽층과 유기물층으로 구분하였다. 가지 연료의 비율을 얻기 위해 크기별 가지를 연료량으로 변환한 뒤 세부 연료 비율을 계산하였다. 낙엽 깊이에 따른 낙엽층과 유기물층의 연료량은 현장에서 직접 측정하였다. 지표층 연료는 수종별 영급, 경급, 소밀도에 맞춰 연료 조건표 형태로 자료화하였고, 수관층 연료는 흉고직경과 나무의 높이(수고)를 독립변수로 하는 대수회귀식을 이용하여 수관층 연료량 추정식을 개발하였다.

임상에 따른 부위별 연료량을 임분 단위로 추정하기 위하여 지표 연료 조건표와 연료량 추정식을 16,000개 표본점을 포함한 제6차 국가산림자원조사 자료에 대입하여 수종, 영급, 경급, 소밀도 별로 구분한 빅데이터를 구축하였다. 지표 연료 조건표는 국가산림자원조사의 영급, 경급, 소밀도 등급에 따라 연료량 수치를 삽입하였으며, 수관층 연료량 추정식은 국가산림자원조사의 개체목 흉고직경과 수고 정보를 대입하여 개체목별 연

◆
· 영급: 나무의 나이를 10년 단위로 구분한 등급.
예를 들어, 1영급은 1~10년생, 2영급은 11~20년생이다.
· 경급: 나무를 흉고직경(가슴높이지름)의 크기에 따라 구분한 등급. 흉고직경 6cm 미만은 어린나무, 6~18cm는 작은 나무 등으로 분류한다.
· 소밀도: 나무의 수관이 울폐한 정도를 비율로 구분한 등급.
울폐율 50% 미만은 소밀도 적음, 울폐율 70% 이상은 많음으로 나눈다.

표 2-3. 수종별 연소할 수 있는 수관층 연료량 추정식(국립산림과학원, 2016)

수종	$\ln Wt = \beta_0 + \beta_1 \ln D$				
	n	β_0	β_1	R^2_{adj}	S.E.E.
강원지방소나무	30	-2.380	1.637	0.923	0.199
중부지방소나무	33	-3.107	1.956	0.958	0.172
잣나무	24	-4.133	2.399	0.954	0.230
리기다소나무	20	-4.271	2.339	0.980	0.167
곰솔	10	-4.985	2.502	0.937	0.208

* Wt: 수관층 연료량, D: 흉고직경, ln: 자연 로그, n: 표본수, β_0: 추정식의 절편, β_1: 추정식의 기울기, R^2_{adj}: 수정 결정계수, S.E.E.: 추정치 표준 오차

료량을 추정하였다. 연료량 정보를 수종, 영급, 경급, 소밀도별로 추정하여 최종적으로 침엽수 63개 유형, 활엽수 56개 유형, 혼효림 18개 유형의 연료 모델을 구축하였다. 이를 통해 침엽수 연료 모델은 소나무 17개, 잣나무 9개, 리기다소나무 8개, 곰솔 11개, 기타 침엽수 17개 유형이며, 활엽수는 상수리나무 9개, 굴참나무 11개, 신갈나무 18개, 기타 활엽수 18개 항목, 혼효림은 총 18개 항목의 유형으로 분류할 수 있었다. 분류에 활용한 연료 모델 항목은 지표층 연료량, 수관층 연료량, 수관 연료밀도, 전이 임계 기준, 확산 임계 기준 등 16개 항목이다. 이 결과 수치 임상도를 기반으로 공간 해상도 5m급의 정밀한 연료 지도를 개발할 수 있었다. 우리나라의 연료 지도는 해상도 1km급의 미국, 캐나다, 유럽의 연료 지도보다 공간 해상도가 높으며 연료의 유형도 총 137개로 자세한 정보를 담고 있다.

그림 2-8. 우리나라의 산불 연료 지도 예시(국립산림과학원, 2022)

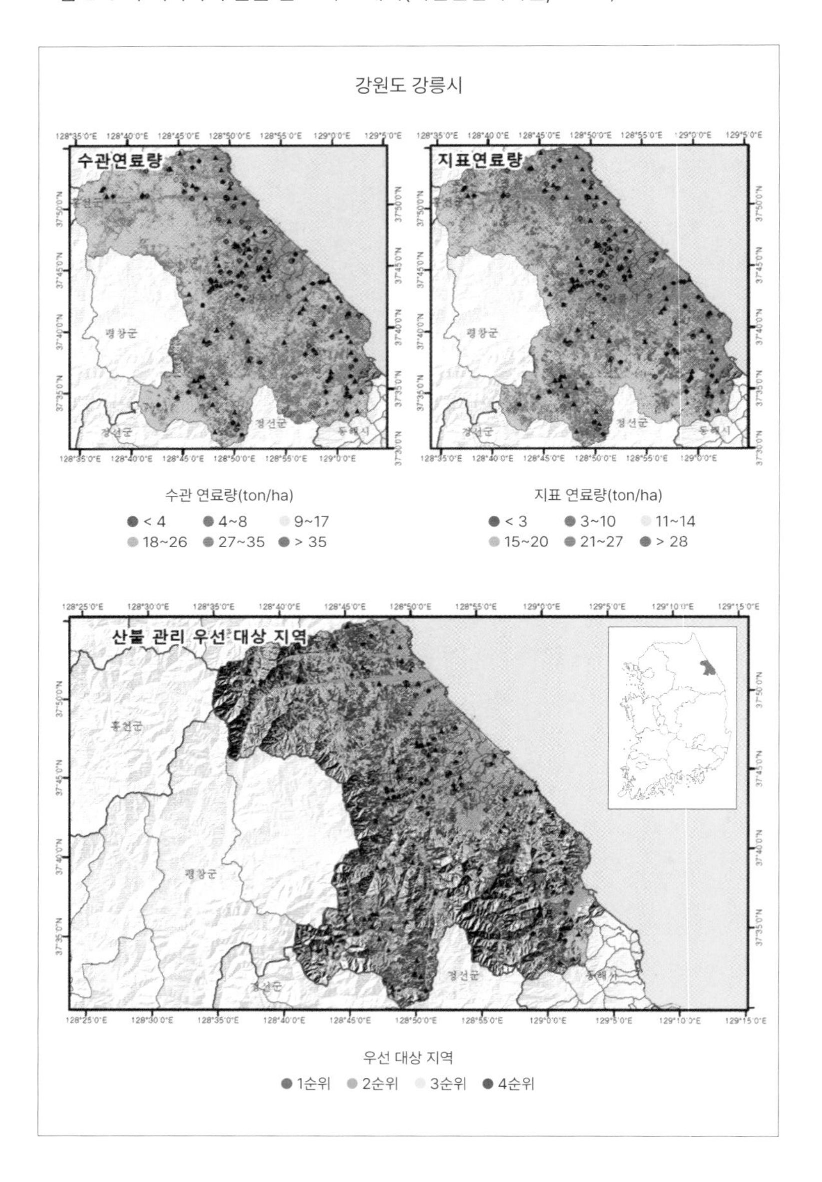

3. 산불 피해를 줄이는 숲가꾸기

산불 예방 숲가꾸기

우리나라에서는 국민 정서와 좁은 국토 면적으로 인해 처방화입처럼 산림을 미리 태우는 것은 불가능에 가깝다. 따라서 산불과 관련된 숲가꾸기 정책은 산림 인접지 주변의 나무를 솎아주거나, 산림을 혼효림이나 내화수림으로 유도하는 방향으로 접근해야 한다.

산림청에서는 숲가꾸기를 통한 산불 피해 저감 실현을 위해 2021년부터 '산불 예방 숲가꾸기 시범 사업'을 추진하고 있다. 2022년 울진·삼척 산불을 계기로 산불 피해 저감에 있어서 숲가꾸기의 중요성이 부각되면서 사업 범위가 점차 확대되고

그림 2-9. 우리나라의 산불 예방 숲가꾸기 모식도

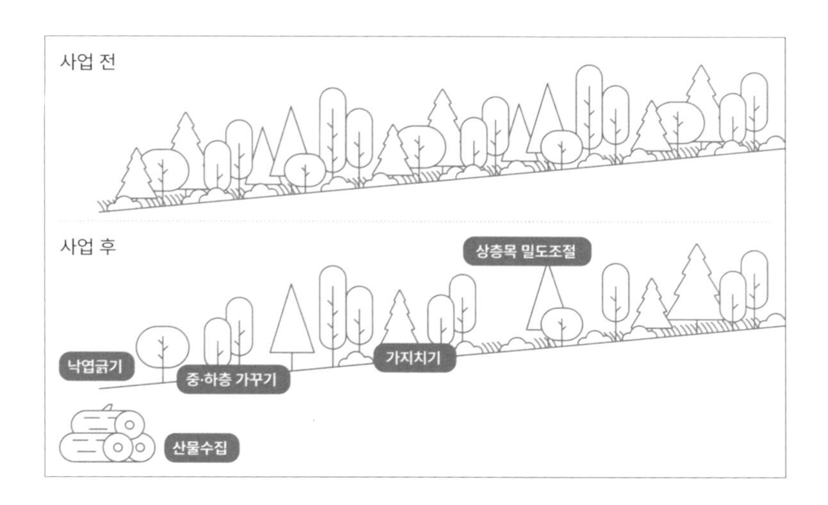

표 2-4. 산불 예방 숲가꾸기와 일반 숲가꾸기의 차이

구분		산불 예방 숲가꾸기	일반 숲가꾸기
사업 목적		**산불** 위험 요소 제거로 **재해 예방**	**우량 목재 생산**
목표 산림		산불에 강한 **혼효림 또는 활엽수림**	생산 목표별 **목재**를 안정적으로 **생산하는 산림**
대상지		**산불 위험이 높은 지역** 중 밀도가 높은 침엽수림으로 인명 재산 피해 우려 지역	**경제림 육성 단지** 등 목재 생산을 주로 하는 산림
주요 작업 방법	솎아베기	핵심 구역은 산불 확산 방지 등 재해에 강한 숲으로 구조 개선. 이를 위해 **상층 솎아베기 및 중·하층목 관리(활엽수류 존치)** ① 상층 · **적정 밀도의 소나무류 등 제거** · **내화력이 강한 수종은 존치** ② 중·하층 · 산불 위험이 높은 **소나무류 전량 제거, 활엽수는 작업에 지장 없는 한 최대한 존치**	형질이 우량한 우세목의 생장에 방해가 되지 않는 **중층목·하층 식생 등은 잔존** ① 상층 · 우세목 생육에 지장을 주는 경합목, 열세목, 피해목 제거 ② 중·하층 · 상층 우세목 생육에 방해되지 않는 **하층 식생은 잔존**
	가지치기	산불 예방 차원에서 사다리형 연료 배열을 끊기 위해 핵심 구역 내 **소나무류는 높이 6m** 범위에서 형질 구분 없이 전량 실행	형질이 우량한 **침엽수 상층 우세목**을 대상으로 **높이 2~6m** 범위 내 실행(옹이 없는 통직한 목재 생산)
	제거산물 처리	산불 위험성이 높은 (핵심)지역은 **수집 산물 전량 숲 밖으로 반출, 미이용 산물은 파쇄 처리** * 일반 구역도 여건에 따라 제거 산물 최대한 수집 가능	재해 우려 지역 및 수계 주변 외의 제거 산물은 **임내 존치 가능**

있다. 2021년 약 4,000 헥타르이던 사업량이 2022년에만 약 8,000 헥타르로 2배가량 증가했으며, 앞으로도 사업량은 매년 증가할 것으로 보인다. 특히 원전, 정유소, 가스 저장고 등 국가기간시설 주변 산림에서 숲가꾸기 사업이 본격 진행될 예정이다. 또한 강원도 영동지역 산불 취약지와 기간시설 주변에 불길에 강한 내화수림과 혼효유도림조성사업을 본격적으로 진행해 2023년부터 내화수림대를 351 헥타르로 확대 조성할 예정이다.

산불 피해를 줄이는 숲가꾸기 기준

산불 피해를 줄이기 위한 숲가꾸기 임분밀도의 기준은 주요 침엽수종별 영급에 따른 평균 흉고직경으로 산정한다. 평균 수관 연료밀도와 결정 수관 연료밀도를 바탕으로 국립산림과학원에서 개발한 산불 피해 저감 숲가꾸기 기준은 표 2-6과 같다.

표 2-5. 국가산림자원조사 분석을 통한 영급별 평균 흉고직경 산정(국립산림과학원, 2022)

영급	평균 흉고직경(cm)				
	강원지방소나무	중부지방소나무	잣나무	리기다소나무	곰솔
1	-	-	-	-	-
2	11.2	10.1	13.1	13.2	11.6
3	14.4	13.6	15.3	15.1	15.9
4	17.9	17.3	21.1	19.8	21.1
5	21.0	19.6	24.2	23.6	23.9
6	24.6	24.1	27.6	-	-

표 2-6. 산불 피해 저감 숲가꾸기와 목재 생산용 숲가꾸기의 임분밀도 기준 비교

(단위: 본수/ha)

목적		9cm~ ≤11cm	11cm~ ≤13cm	13cm~ ≤15cm	15cm~ ≤17cm	17cm~ ≤19cm	19cm~ ≤21cm	21cm~ ≤23cm	23cm~ ≤25cm	>25cm
산불 피해 저감 숲가꾸기	강원지방 소나무	-	956	736	-	559	-	423	-	362
	중부지방 소나무	928	-	721	-	530	480	-	350	-
	잣나무	-	-	760	640	535	-	-	395	295
	리기다 소나무	-	-	808	660	-	507	-	-	423
	곰솔	-	830	-	664	-	-	515	-	400
목재 생산용 숲가꾸기	강원지방 소나무	1,800	1,500	1,300	1,100	950	840	740	670	610
	중부지방 소나무	1,110	960	860	780	710	650	610	-	-
	잣나무	1,200	1,000	880	760	670	600	530	480	440
	리기다 소나무	1,600	1,300	1,100	940	810	710	630	560	500

국립산림과학원에서는 산불 연료 예측 모델을 이용하여 소나무 생장에 따른 산불 연료량 변화를 분석하고 대형 산불 확산을 방지하는 산불 연료 관리 적정 시기를 추정하였다. 적정 솎아베기 시기는 수관 연료밀도 0.065kg/m³에 도달하는 시기로 분석되었다. 예측된 수관 연료밀도와 적정 솎아베기 시기 수관 연료밀도를 바탕으로 수관화 확산을 방지하는 적정 임분밀도를 그림 2-10과 같이 추정할 수 있었다.

60년 동안 솎아베기를 하지 않은 비시업지(시나리오 1)에

서는 수관 연료밀도가 최대 3.1배 증가되었다. 솎아베기를 1회 시행한 경우(시나리오 2)의 수관 연료밀도는 솎아베기 이후 2.4배 증가가 예측되어 단발성 솎아베기로는 산불 피해 저감에 한계가 있는 것으로 추정되었다. 적정한 산림 연료 관리를 고려해 솎아베기 횟수를 추정한 결과(시나리오 3), 벌기령(60년) 동안 총 4회 솎아베기가 필요한 것으로 분석되었다. 솎아베기 시기와 밀도는 1차 솎아베기 21년(900본/ha), 2차 솎아베기 27년(550본/ha), 3차 솎아베기 36년(380본/ha), 4차 솎아베기 48년(260본/ha)으로 예측되었다.

그림 2-10. 시나리오별 산림 연료 관리 적정 시기 추정

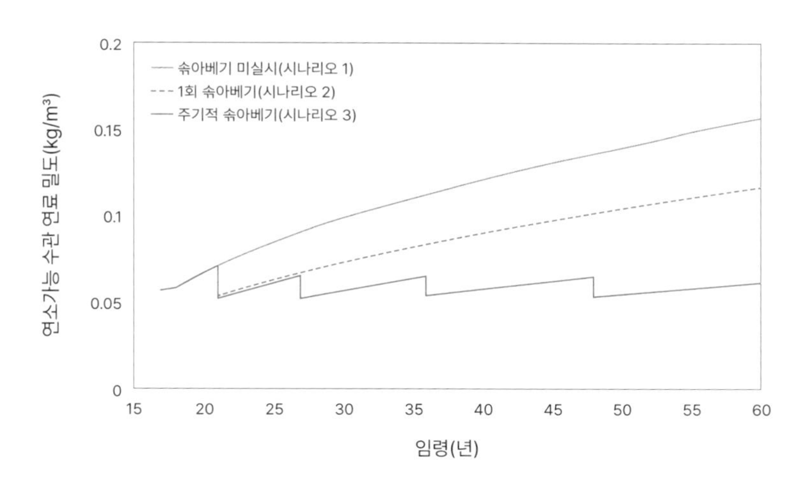

숲가꾸기 후 산불 연료 특성 변화 모니터링 분석

국립산림과학원은 영동 지역의 대형 산불을 막기 위해 소나무 숲 관리 시험지를 조성하여 연료 물질 저감 효과를 지속적으로 연구하고 있다.

연간 흉고직경 증가량은 강도 40% 처리는 1.12cm, 강도 20% 처리는 0.95cm, 미처리구는 0.44cm 수준이었으며, 연간 지표층에서 수관층까지의 거리는 강도 40%는 0.20m, 강도 20%는 0.15m, 미처리구는 0.11m로 강도가 클수록 높아졌다. 솎아베기에 의해 나무 간 경쟁이 완화되고 빛과 양분, 수분 유효도가 높아짐에 따라 임분 생장에 긍정적인 영향을 미치고 있었다. 또한 고강도 간벌작업 이후 우세한 산림생장 증가량을 보여 산불 발생 위험성이 저감되는 산림구조로 전환되고 있음을 확인하였다.

솎아베기 강도별 상층부 수관 연료의 특성 변화를 분석한 결과, 솎아베기로 산림 내 탈 수 있는 연료량이 최대 53%가량 줄어들었으며, 단위 면적당 수관 연료량은 솎아베기 2년 후 강도 40% 처리에서 1.69kg/m², 강도 20% 처리에서 2.53kg/m², 미처리구에서 3.59kg/m²로 분포하였다. 수관 연료밀도가 낮다는 것은 가연물질로 작용하는 연료가 분산되어 열을 내기 어려운 조건이라는 것을 의미한다.[17] 즉, 솎아베기 강도가 높아질수록 복사열 전달과 전도율이 상대적으로 느려 산불 발생 위험성이 낮아진다.

그림 2-11. 대형 산불 방지 소나무숲 관리 시험지

그림 2-12. 솎아베기 강도별 수관층 산불 연료량 변화 모니터링 분석

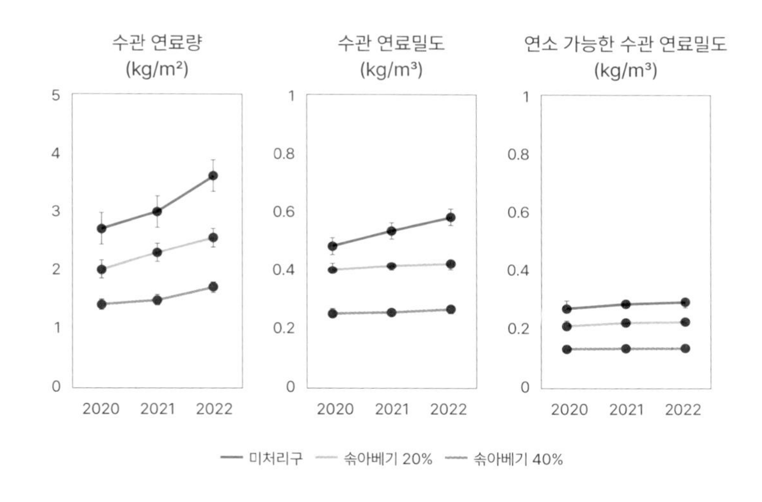

솎아베기 직후 관목층 연료량은 미처리구 임분에서 1.2kg/m²로 솎아베기 시업지 평균 0.7kg/m²보다 약 1.71배 정도 많은 양을 보였다. 솎아베기 2년 경과 이후 강도 40% 처리에서 관목층 연료량은 1.9kg/m²로 1년차 대비 약 3.42배 이상 증가하였고, 미처리구 1.6kg/m²보다 높은 관목층 생장량을 보였다. 이는 숲가꾸기로 산림 내에 햇빛을 많이 투과시켜 활엽수와 관목 생장을 도울 수 있다는 것을 보여준다. 이러한 변화는 소나무 단순림을 혼효림으로 전환하는 데 도움을 줄 수 있다.

그림 2-13. 솎아베기 강도별 관목층 산불 연료량 변화 모니터링 분석

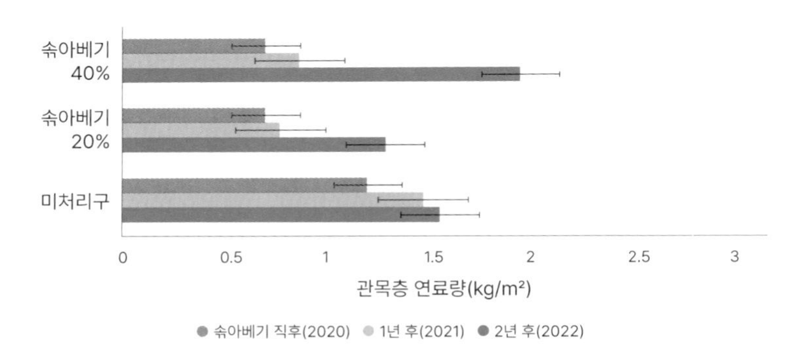

산불 행동 시뮬레이터를 이용한 솎아베기에 따른 산불 위험성 평가

그림 2-14는 국립산림과학원에서 개발한 산불행동시뮬레이터K-WFDS: Wildland-Urban Interface Fire Dynamic Simulator를 활용하여 가상공간에서 숲가꾸기 강도에 따른 산불 행동 모의실험을 진행한 결과이다. 미처리구는 점화원에서 약 1.5m 구간 12.84초

부터 수관층 미세 연료가 완전히 소실되었으며, 솎아베기 강도 20% 처리구는 1.7m 구간 13.90초, 솎아베기 강도 40% 처리구는 2m 구간 18.33초부터 수관화 전이현상을 보였다. 숲가꾸기를 하지 않은 곳에서는 120본 중 73본이 피해를 입어 수관화 피해율이 61%에 달했으나, 숲가꾸기가 이루어진 곳은 수관화 피해율이 35%(60본 중 21본 피해)까지 낮아졌다. 실제 산불피해지 내 숲가꾸기를 한 곳과 하지 않은 곳의 수관화 비율은 숲가꾸기를 한 곳에서 60% 이상 낮게 나타났다. 숲가꾸기를 하면 나무와 나무 사이의 간격이 넓어져서 산불이 나무의 잎과 가지로 확산되지 않는다. 따라서 숲가꾸기는 산불이 나더라도 지표화로 유도할 수 있으며, 탈 수 있는 물질을 제거함으로써 수관화로 확산되는 것을 억제할 수 있다.

그림 2-14. 시뮬레이션을 통한 처리구별 산불 행동 비교 분석

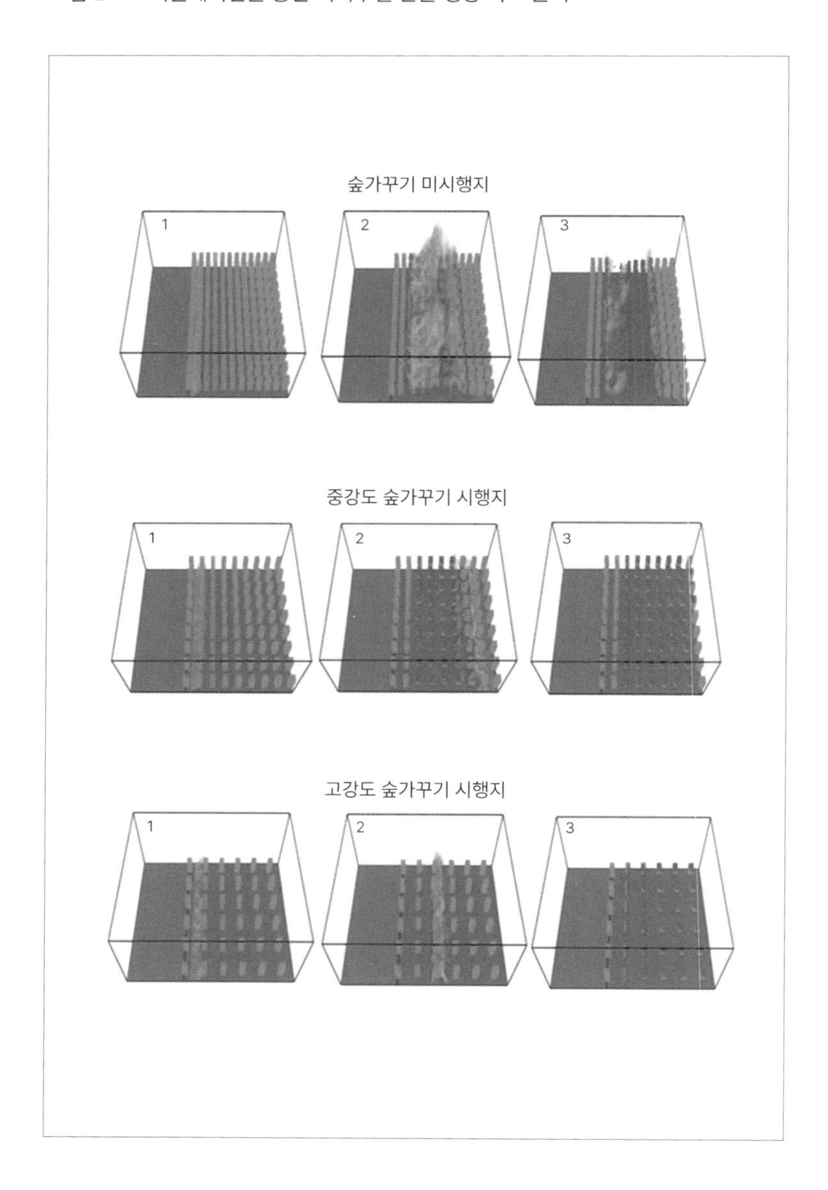

미국의 산불 피해 저감 숲가꾸기 사업

최근 미국에서는 전현직 고위급 정부 인사들이 기후변화로 인해 점차 커지고 잦아지는 산불을 효과적으로 제어하는 방안을 정부와 국회에서 활발하게 논의하였다. 2021년 6월, 비키 크리스티안센 전 산림청장이 상원의회에서 산림 연료 관리 면적을 2~4배 이상 확대해야 한다고 주장한 것을 시작으로 같은 해 9월, 하원의회에서 랜디무어 산림청장이 연간 800만 헥타르 이상의 연료를 관리해야 한다고 발언한 것이 쟁점이 된 것이다. 이러한 과정을 거쳐 미국 산림청은 기후변화로 인한 산불 위기에 대처하고 산림의 복원력을 높이기 위한 '산불 숲가꾸기 관리 10년 전략'을 2022년 1월 발표하였다.[18] '지역사회를 보호하고 산림의 복원력을 개선하기 위한 전략(2022년~2031년)'에는 미국 산림청, 내무부, 주연방, 산주, 지역사회 등이 참여하고 있다. 미국 대통령이 〈초당적 인프라 확대법〉의 연료 관리 예산에 서명함에 따라 연간 24억2천만 달러(한화 약 3조 원 규모)가 투입될 예정이며, 2026년까지 총 121억4천만 달러(한화 약 15조 원)를 확보할 예정이다.

세부적으로는 2022년부터 현재 기준의 약 8배에 해당하는 연간 800만 헥타르의 숲가꾸기를 국유림에서 선제적으로 시행하고, 사유림에서는 대상지를 선정 검토한 후 연간 1,210만 헥타르(현 기준 약 12배)에서 숲가꾸기를 시행하기로 했다. 이때 기간시설, 휴양, 문화재, 경제림 등을 고려하여 2023년까지 관리 우선지역을 선정하고, 산불피해지를 대상으로 지역 특성에 맞는 수종을 재조림하기로 했다. 이를 통해 현재 6% 수준인 산불피해지 재조림 면적은 33%까지 확대될 전망이다.

4. 국내외 숲가꾸기 연구 동향

국외 숲가꾸기 연구 방향

숲가꾸기로 산불 피해를 낮추는 기술의 핵심은 바로 산림의 구조 및 연료의 양과 질에 대한 정보를 신속하게 취득하는 것이다. 나아가 취득된 정보로 산불 확산 위험성을 시뮬레이션으로 평가하고, 평가된 정보를 바탕으로 처방화입, 솎아베기 등의 작업을 효율적으로 의사결정 하는 신속한 관리체계와 기술을 마련해야 한다. 이를 해결하기 위해 미국 산림청은 2000년에 국립표준기술원NIST에서 개발한 모델FDS: Fire Dynamic Simulator을 변형하여 2003년부터 WFDS 시뮬레이터를 운영하는 한편 지속적으로 고도화시키고 있다. WFDS는 전산유체역학CFD: Computational Fluid Dynamics의 대형 소용돌이를 모델화한 알고리즘으로 2018년 버전 6.7까지 개발되었다.

또한 주 연방 등에서 WFDS를 기반으로 한 다수의 시뮬레이터를 활발하게 개발하고 있다. 특히 2016년에 산림의 구조와 양을 시뮬레이션 안에 정밀하게 삽입하고 연료 정보를 손쉽게 추가, 삭제할 수 있는 플랫폼(STAND FIRE)을 구축하였다. 이는 Fire and Fuel Extension of the Forest Vegetation Simulator를 기반으로 산림 연료 배열을 자유롭게 변경하여 시뮬레이션할 수 있는 플랫폼이다. 2017년 포르투갈 대형 산불 이후 STAND FIRE 플랫폼을 이용하여 유칼립투스 산림의 연료 관리 컨설팅(2018~2020)을 진행한 바 있다. 여러 응용기술을 내장한 이 플랫폼은 연료 표출에 오랜 시간이 소요되는 단점이 있다. 이를 보완하기 위해 미국 산림청은 FAST FUEL 3D 프로젝트를 2년간(2019~2020년) 진행하여 위성 영상, 드론, 라이다LiDAR: Light Detection and Ranging를 기반으로 한 연료 정보 구축 체계 구현을 완료하였다.

2021년부터 미국은 국립과학재단National Science Foundation 주도로 연료 관리 통합 플랫폼(Burn Pro 3D) 장기 프로젝트를

그림 2-15. 미국의 연료 관리 프로젝트 Burn PRO 3D 예시(http://wifire.ucsd.edu/burnpro3d)

수행하고 있다. 2023년 1월 현재 시범 사이트 구축을 완료한 이 프로젝트는 대규모 확산 예측, 처방화입 훈련 및 효과 검증, 연료 관리 의사결정 지원, 시설물 피해 예방 컨설팅, 기상 현황 파악 등을 수행할 수 있는 체계로 개발되고 있다.

국내 숲가꾸기 연구 방향

미국, 캐나다와 비교했을 때 우리나라는 산불 예방과 관련된 예보 시스템 구축과 산불 대응 및 진화 연구에서는 비슷한 기술 수준에 도달하였으며, 일부에서는 더욱 정밀한 기술을 보유하고 있다. 그러나 산불 취약지 관리와 숲가꾸기와 같은 산불 대비 분야 실증 연구와 데이터 구축을 통한 인공지능 학습 신경망 등의 연구는 다소 미비한 상황이다. 우리나라는 산림 안에서 미리태우기가 불가능하기 때문에 시뮬레이터 등을 이용하여 가상공간에서 산불의 위험성을 평가하는 것이 필요하며, 이를 통해 숲가꾸기의 세밀한 기준 등을 마련할 수 있다.

최근 국립산림과학원은 미국 WFDS를 기반으로 시뮬레이터와 드론, 라이다LiDAR를 이용한 연료 정보를 빠르게 표출할 수 있는 알고리즘을 결합한 K-WFDS 프로그램 개발에 박차를 가하고 있다. 또한 드론으로 촬영한 영상으로 시설물을 감지하여 해당 시설물의 산불 피해 위험도를 평가할 수 있는 가상공간 분석 체계를 구현하기 위해 노력하고 있다.

궁극적으로 산불 예방과 대비, 대응, 복구 전 단계에 걸쳐 산불을 통합 관리할 수 있는 대형 플랫폼을 개발하기 위해 노력

그림 2-16. 국내외 산불 연구 비교

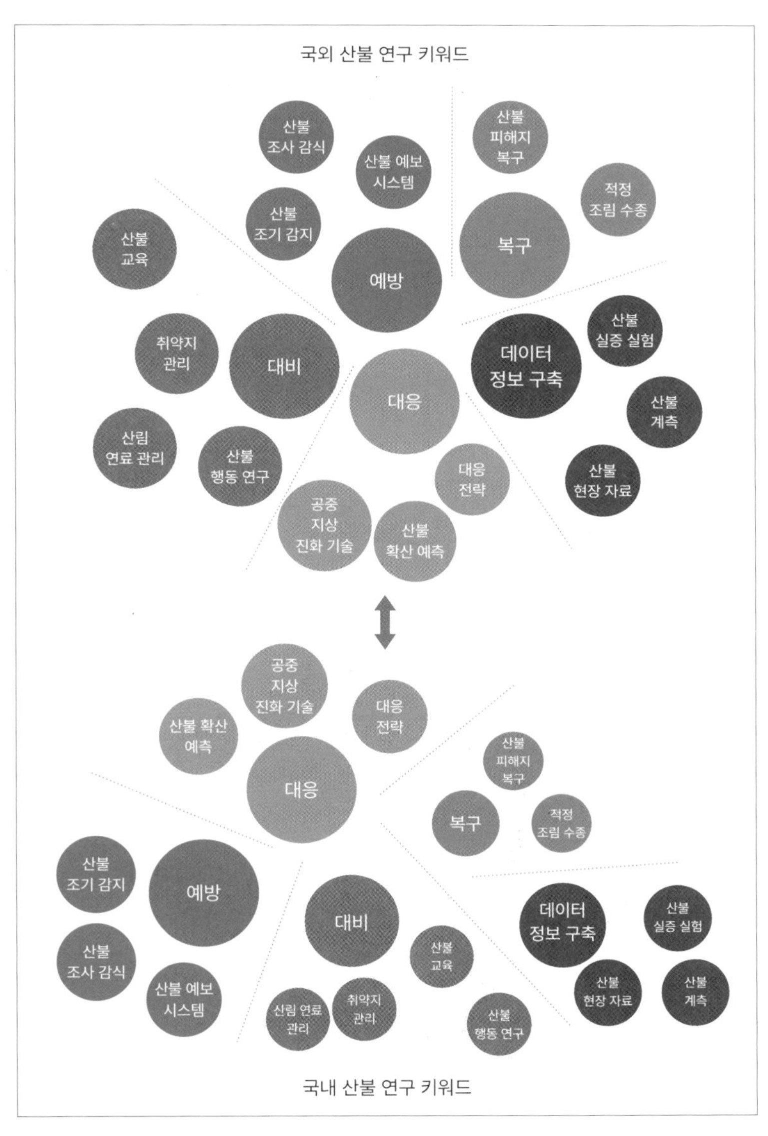

* 원의 크기가 클수록 해당 분야의 연구가 많이 수행되고, 기술 수준이 높음.

그림 2-17. 드론 영상을 이용한 개체목 추출 연구결과 예시

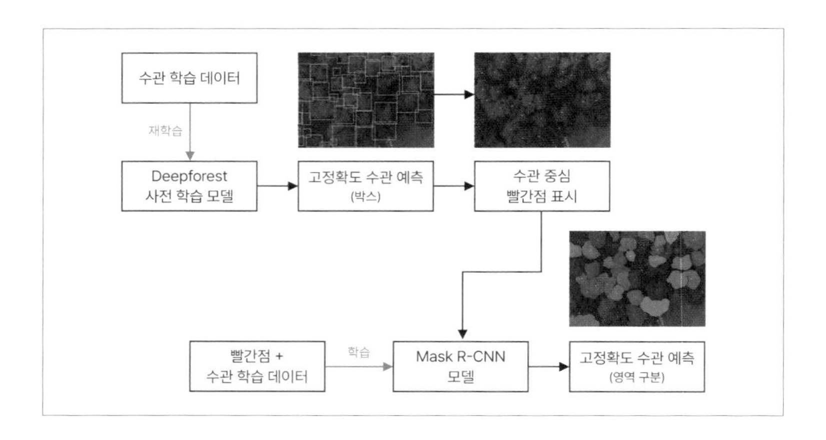

그림 2-18. 국립산림과학원에서 개발한 K-WFDS 버전1 예시

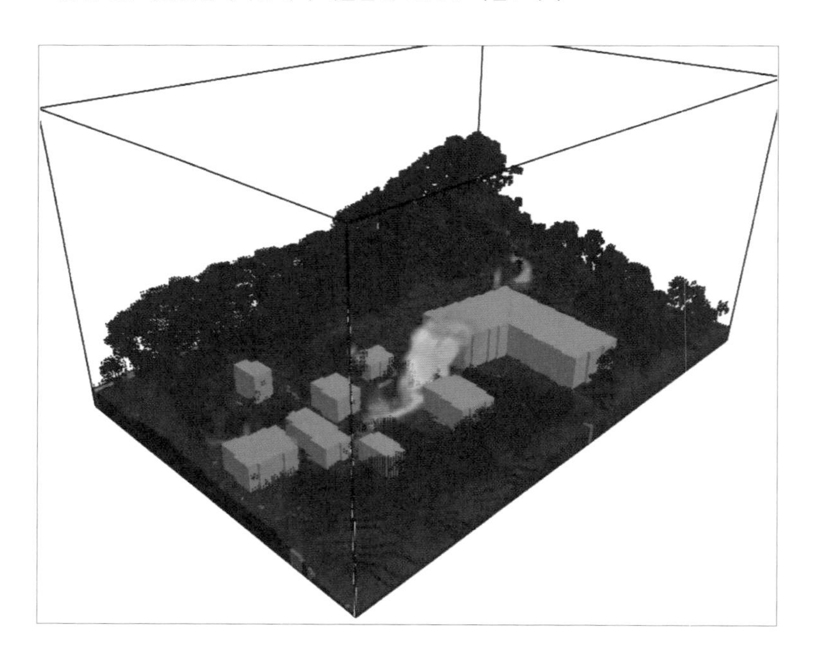

하고 있다. 이를 통해 산불 조기 감지, 취약 시설물 관리, 효율적인 숲가꾸기, 산불 진화 우선순위와 복구체계 정립 등을 종합적으로 평가하고 관리할 수 있는 체계를 마련해 나갈 예정이다.

그림 2-19. 국립산림과학원에서 기획하고 있는 통합 산불 관리 플랫폼

산불 진화의 골든 타임은 30분이다. 신고 접수 후 산림청 헬기는 50분 이내, 지방자치단체의 임차 헬기는 30분 안에 산불 현장에 도착하여 진화를 시작해야 한다. 진화는 공중과 지상에서 동시에 진행되며, 최근에는 산불예측시스템은 물론 드론과 화학약품까지 활용하고 있다.
산불은 일반 화재와 달리 산림청에서 주불과 뒷불 정리를 담당하고, 소방청은 주택과 민가의 재산 및 시설보호를 담당한다. 나라마다 산림의 중요도와 산불 위험 정도에 따라 주관 부서가 달라지는데, 우리나라처럼 산림의 가치와 산불 위험이 높은 국가는 산림부처에서 관리한다. 우리나라의 산불 관리 체계는 산림청 주관 아래 6개 기관이 협업하고 있다.

2장
산불 진화와 관리 조직

글.
권춘근(국립산림과학원 산불·산사태연구과 연구사)
이창배(국민대학교 산림환경시스템학과 교수)
류주열(국립산림과학원 산불·산사태연구과 연구원)
이해인(국민대학교 기후기술융합학과 박사 과정)

1. 산불 진화

산불 진화의 골든 타임

산불은 발생 초기부터 화세보다 우월한 인력과 장비를 충분히 투입해야 피해를 최소화할 수 있다. 산불 피해 면적과 화선은 시간이 지날수록 급격히 증가하므로 대형 산불이 되기 전 소형 단계에서 진화해야 하기 때문이다. 화세가 강한 주불은 진화 헬기가 담당한다. 아주 강한 바람이 불지 않는 한 진화 헬기가 도착하면 대부분 진화할 수 있다. 따라서 진화 헬기가 현장에 최대한 일찍 도착하는 것이 관건이다. 그래서 산불 신고가 접수되면 진화 헬기가 즉시 출동한다.

산불 진화의 골든 타임은 신고 접수 후 산림청 헬기는 50분 이내, 지방자치단체의 임차 헬기는 30분 안에 산불 현장에 도착하여 진화를 시작하는 것을 의미한다. 산림청에서 운영하는 12개 산림항공관리소에서는 전국 어디에서 산불이 발생하더라도 신고 접수 후 50분 이내에 도착할 수 있도록 48대의 산림 헬기를 배치·운영하고 있다.[19] 확산이 우려되는 경우에는 진화 헬기를 추가 투입하고, 소방청과 국방부에 헬기 지원을 요청한다.

2020년 기준 진화 헬기는 165대(산림청 48대, 지자체 임차 68대, 소방 29대, 군 20대)이다. 산불이 전국적으로 동시에 크게 나거나 하루에 여러 건이 발생할 경우 헬기를 신속하게 투입하는데 한계가 있으므로 진화 헬기를 반드시 확충해야 한다. 이에 산림청은 2025년까지 진화 헬기를 50대까지 늘리는 계획을 추진하고 있다.

그림 2-20. 산불 진화 헬기와 전국 산림항공관리소(www.forest.go.kr)

공중과 지상 동시 진화

진화 헬기와 함께 산림청에서 광역 단위로 운영하는 공중·특수 진화대도 즉시 투입해 공중과 지상에서 동시에 진화를 시작한다. 2019년 발생한 653건의 산불을 기준으로 헬기 진화율은 71%이며, 나머지 29%는 지상 진화 인력으로 진화하였다. 2020년 기준 공중진화대 76명, 특수진화대 435명, 산불예방진화대 1만여 명이 활동하고 있다.

표 2-7. 산불진화대의 종류와 주요 내용(국립산림과학원, 2020)

구분	산불특수진화대 (공무직, 민간)	산불예방진화대 (민간)	공중진화대 (공무원)
운영 규모 (2019년 기준)	435명(1개 팀 12명 내외)	10,110명(국가 1,405명, 지자체 8,705명)	76명(1개팀 4~5명)
운영 주체	국유림관리소, 지자체	국유림관리소, 지자체	산림항공관리소
운영 기간	연중(공무직), 10개월(민간)	6개월	연중(공무원)
주요 대상	난이도 높은 산림 대형 산불로 확산될 우려가 있거나, 쉽게 접근할 수 없는 지역, 인명과 재산피해 우려지역에 우선 투입	평이한 산림 일반 산불진화대 투입	암석지, 고산지 등 헬기 인명 구조
기타 사항	◦ 공무직: 산불 진화 경험과 전문성 보유(평균 38세) ◦ 민간: 인접 시군 주민으로 산불 진화에 전문으로 투입(평균 46세)	지역 주민으로 산불 예방과 진화 활동에 투입(평균 56세)	특수진화대 훈련 및 산불 진화와 인명구조 활동

우리나라는 산악 지형이 많아 지상에서 접근하는 것이 어렵다. 그래서 맞춤형 지상 진화 시스템이 반드시 필요하다. 지상에서는 산림청의 산불 진화 차량과 펌프로 구성된 산불 진화 기계화 시스템을 활용하여 산악 지형에서 2km까지 직접 물을 보내 진화한다. 또한 주불 진화 후 잔불 정리와 뒷불 감시 등도 공중 진화만큼 중요하다.

표 2-8. 산불 진화 장비 보유 대수(2019년 기준)

구분	산불 진화차(대)	산불 지휘차(대)	산불 진화 기계화 시스템(세트)	드론(대)
합계	1,187	307	1,839	239
지자체	1,124	270	1,538	158
산림청 소속기관	63	37	301	81

표 2-9. 산불 진화 장비의 종류

산불 진화차

- 물탱크 용량 1,000ℓ
- 호스 1,000m(13mm) 이상
- 산불 진화 기계화 시스템 연결 사용 및 진화 장비 상시 탑재

고성능 산불 진화차

- 물탱크 용량 3,000ℓ
- 노트북, 무전기 등 통신시설, 소형발전기, 방송시설 등 구비

산불 진화 기계화 시스템

- 산악에서 진화 용수 공급이 우수하고 운반하기 쉬운 구조를 갖춘 펌프
- 산불 현장에 투입하여 진화 작업에 적극 활용

표 2-10. 산불 진화 헬기의 종류와 제원(산림항공백서, 2019)

기종별 / 구분	S-64 (6대)	KA-32 (29대)	수리온 (1대)	Bell 412 (1대)	Bell 206 (7대)	AS 350 (4대)

생산국 (제작사)	미국 ERICKSON	러시아 KumAPE	대한민국 KAI	미국 BELL	미국 BELL	프랑스 EUROCOPTER
탑승인원(명)	3	18	14	15	7	6
엔진(HP)	4,500×2	2,200×2	1,800×2	900×2	650	750
최대 속도(km/h)	213	230	287	259	240	287
물탱크 장착 후 운용 속도(km/h)	178	148	259	203	161	148
체공 시간(분)	150	190	200	150	200	200
담수량(ℓ)	8,000	3,000	2,000	1,400	600	800
담수 시간(초)	45	80	60	-	30	60
인양 능력(kg)	9,000	5,000	2,722	2,040	907	1,150
이륙 총중량(kg)	19,050	11,000	8,709	5,397	1,882	2,250
유류 적재량(ℓ)	5,100	2,457	1,441	1,276	416	541
유류 소모량(ℓ/h)	1,892	704	558	432	125	151
급유 시간(분)	15	11	5	10	5	5
착륙장 크기(m)	54×54	33.5×33.5	33.5×33.5	33.5×33.5	26×26	25.8×25.8

예측 시스템

우리나라에서는 산불 예보 시스템을 개발하여 언제 어느 곳을 집중적으로 예방하는 것이 효과적인지 예상하고 있다. 산불 확산 예측 프로그램은 발화지의 위치와 지형, 임상, 기상 조건 등의 요인을 수집하고 시간대별 산불 확산 경로를 예측·분석하여 진화 작업과 지역주민 대피에 도움이 되는 정보를 제공한다. 신속하고 정확하게 대응할 수 있도록 현장 정보를 실시간으로 상황실과 공유할 수 있는 산불상황관제시스템도 산불 진화 작업을 돕고 있다.

드론

드론은 진화와 산불 재확산 방지, 복구 단계에서 두루 사용된다. 우선 화선의 위치를 파악하여 산불 상황도를 작성하고, 주불 진화 후에도 잔불의 위치를 파악하여 재불을 방지하는 역할을 담당한다. 복구 단계에서도 드론 촬영으로 산불 피해 등급별 피해 면적을 정확히 산출하여 현장 복구에 도움을 주고 있다. 국립산림과학원에서는 드론을 산불 진화에 직접 활용하는 방법도 연구하고 있으며, 향후 현장에 투입하여 활용할 계획이다.

화학약품

산불 지연제, 진화 약제, 진화탄을 개발하기 위한 연구도 진행하고 있다. 산불이 다가오기 전에 미리 뿌려 확산 속도를 늦추는 지연제, 물에 섞어 화염에 직접 뿌려 진화 효율을 높이는 진화 약제, 화약의 폭발력으로 진화 약제나 물이 멀리 퍼지도록 하는 진화탄 등도 함께 개발하고 있다.

2. 산불 관리 조직

산불과 일반 화재의 차이

2022년 울진·삼척 산불 당시 전국 소방동원령 1호가 발령되며 전국의 가용 소방력이 강원도로 집결했다. 그런데 소방력이 모두 산림으로 향한 것은 아니었다. 산불과 일반 화재는 진화 환경과 장비에 다소 차이가 있기 때문이다. 산불이 발생하면 산림청 소속 산불진화대가 주불 진화와 잔불, 뒷불 정리를 담당하며, 소방에서는 주택과 민가 등의 시설물을 보호하고 인명구조를 주로 담당한다.

산불은 산림 내에서 발생한 화재 사건이고 산불 방지는 산림 보호의 일부분이므로, 산림경영과 분리될 수 없다. 산림은 경제와 환경, 공익 기능을 복합적으로 수행하고 있으므로 산불 진화 업무 또한 국가 사무와 지방 사무가 혼재되어 있다. 반면, 가옥, 공장의 화재를 진압하는 소방 활동은 사유재산을 보호하는 지역에 국한된 지방 사무로 분류된다. 소방 조직의 기본 임무는 인명 구조와 건물 화재 진압이므로 인구수에 비례하여 도시 지역을 중심으로 편성하고 긴급 사태에 대비하여 상시 운영하는 반면, 산불 진화는 산림 면적이 많은 농산촌을 중심으로 건조기에 한시적으로 운영된다.

발생 환경

산불은 건조한 날씨와 같은 자연환경이 원인이며 직접 요인은 입산자 실화, 논·밭두렁 소각, 성묘객 실화, 군사훈련 등이다. 일반 화재는 가스, 전기 등 인화성 물질의 존재 여부 및 다소多少에 의해 좌우되며 직접적 원인은 전기, 방화, 담배, 불장난, 불티 등이 있다.

진화 활동

산림에는 도로 시설이 미비한 곳이 많아 차량과 중장비를 투입하지 못하는 경우가 많다. 그래서 산불 진화의 기본 전술은 불과 일정 거리를 두고 연료를 제거하는 진화선을 구축하는 것이다. 이를 위해 산림의 지형과 임상 상태를 숙지한 산림전문가가 방화선 위치와 구축 요령을 지휘하면서 중장비 대신 많은 인력을 투입하여 연료를 제거한다. 반면, 일반 화재는 소방차와 급수시설을 활용하여 물로 직접 공격하는 전술을 사용한다. 건물 내에 위험물이 집적되어 있으므로 소수의 소방대원이 소방차, 급수시설을 이용하여 진화 활동을 한다.

헬기 진화

산불에서는 헬기가 진화의 주력 수단이다. 산림 항공기는 산불 진화, 산림 병해충 방제를 위하여 물과 약제를 운반하는 화물용 대형 헬기로, 하강풍이 강하여 민가에 2차 피해를 줄 수 있으므로 도심 내에서 운항이 어려워 소방 용도로는 부적합하다.

일반 화재는 건물 상층부가 밀폐되어 헬기에 의한 소화 활동이 불가능하다. 다만, 사다리 접근이 힘든 초고층 건물 옥상에서 인명 구조 등의 활동을 할 수 있다.

산불 지휘체계

산불 업무는 산림자원 보전 측면(산림보호)과 국민의 생명과 재산 보호 측면(방재행정)이라는 이중관점으로 접근해야 한다. 또한 산불은 개방된 곳에서 광범위하게 확대되는 특성이 있다. 그러므로 산불 진화는 산림 부처, 소방 등 다수의 기관이 함께 수행해야 한다. 따라서 유관기관 협의체를 운영하고, 현장에는 많은 인력이 참여하게 된다. 만일 소방기관에서만 진화 활동을 수행한다면 산불 조심기간과 화재 조심기간 중복 시, 일반 화재 중심으로 활동이 이루어지게 될 것이다. 따라서 불이 동시에 발생하면 인명사고 가능성이 낮고 산림의 재산 가치도 적은 산불이 일반 화재보다 우선순위에서 밀릴 가능성이 있다. 초기 대응 미흡으로 소형 산불일 때 진화의 골든 타임을 놓치게 되면 현재의 진화 기술로는 대응이 어려운 재난성 대형 산불로 커질 수 있다. 또한 산불은 뒷불 정리와 감시에 오랜 시간이 소요된다. 그래서

표 2-11. 산불과 일반 화재의 비교

분야	구분	산불	일반 화재
관리 원칙	분야	산림경영관리 중 산림보호 분야	인명 사고 및 건물 화재
	담당	산림관리부서에서 예방과 진화 담당	예방은 관계인, 진화는 소방
	사무	산림의 공익성으로 인하여 지방과 중앙 사무의 혼재	개인 재산을 보호하는 지방 사무
	협의체	산림관리 및 유관기관 협의체	소방의 독자적인 영역
발생	환경	습도, 바람, 임상	인화성 물질의 유무 및 다소(多少)
	원인	입산자 실화, 논·밭두렁 소각, 성묘객 실화, 군사 훈련	전기, 방화, 담배, 불장난, 불티
	장소	산림, 산림 인접지역	주택, 차량, 공장, 음식점, 점포 등
	가해자	불특정 외부인	관계자 관리 부실, 불특정 외부인
	피해 대상	산림	인명, 가옥 등 인공 구조물
예방 활동	주체	정부 및 공공기관	소유자나 관리인
	예방 수단	산림 내 입산자 및 화기물 통제	소화 설비 의무 비치
진화 활동	진화 방법	연료 제거, 헬기 진화	물에 의한 냉각 진화
	진화 전술	넓은 지역에 대규모 인력 투입	건물 내에 소규모 소방 인력 투입
	기본 장비	진화차, 중형 펌프, 간이 손도구(중장비는 산림 내 이동 불가)	소방차
	조직 편성	산림 면적에 비례하여 배치	인구 수에 비례하여 배치
헬기	재정 부담	헬기는 중앙 지원, 지상에는 일부 국고 지원	대부분 지방 재정
	배치	전국 단위로 배치 운영	시도에서 운영
	주 용도	산불 진화의 주력 수단	고층 건물의 인명 구조 활동
	크기	대용량의 화물 수송용 대형 헬기	인명 구조용 소형 헬기
	운항	임상 여건에 따라서 배치	옥상에서 인명 구조 등에 제한적 사용

긴급 출동을 위하여 상시 대기해야 하는 소방 조직은 뒷불까지 완전히 끄는 산림 내 감시 활동을 수행하기 어렵다.

환경적 그리고 사회·경제적으로 산불 위험이 높은 지역에서 일반 소방과 산불 진화를 통합하거나 지휘체계를 일원화하는 것은 어려운 과제이다. 산불은 산림 내 혹은 인접 지역에서 주로 발생하므로 산불 조직은 보통 시장·군수가 책임을 지는 시군 단위로 편성된다. 반면 일반 화재는 주택, 아파트, 차량, 공장, 음식점, 점포 등 인구가 밀집된 도시지역에서 집중적으로 발생한다. 행정적으로 소방 조직은 시장 및 도지사가 책임을 지는 시도 단위의 광역체제로 운영된다.

산불 방지 담당 기관은 국가마다 산림의 중요도와 산불의 위험 정도에 따라 결정된다. 우리나라의 산림청과 같은 산림 부처에서 관장하는 나라도 있고 소방청과 같은 시설 화재를 담당하는 방재기관에서 관리하는 국가도 있다. 산림 부처의 역할과 기능이 많고 산림의 가치가 높으며 산불 위험이 높은 국가◆는 산림부처에서 산불을 관장하는 것이 합리적이지만, 산림의 비중이 낮고 산불 위험이 낮은 국가◆◆에서는 독립된 산림부처에서 산불을 담당한다면 국가적으로 낭비 요소가 될 수 있다. 반대로 산불 위험이 매우 심각한 국가임에도 산불 방지를 방재기관에서 통합 관리한다면 산불 사고가 다른 재난과 비교할 때 우선순위에서 밀릴 수 있어 초기에 적극 대응하는데 한계가 있을 수 있다.

◆
아메리카권에서는 미국, 캐나다, 멕시코, 브라질 등이 해당되며 아시아 지역에서는 중국, 러시아, 몽골, 인도네시아, 호주 등을 꼽을 수 있다. 유럽권에서는 스페인, 이탈리아, 스위스, 핀란드 등에서 산불을 산림 부처에서 관리한다.

◆◆
일본은 습도가 연중 내내 높아서 산불이 확산되지 않아 진화가 용이한 나라이다. 그리스와 포르투갈의 산림은 주로 초지로 구성된 데다 산림을 관장하는 행정 조직이 취약하여 방재기관에서 산불을 관장하고 있다.

이런 이유로 선진국에서도 산불 방지는 다수기관이 참여하는 협의체를 운영하고 산림부처를 중심으로 진화 활동을 수행하고 있다. 예를 들어 미국은 산림청, 내무성, 토지관리국, 공원관리청, 기상청, 야생동물관리청, 인디언사무국 등 7개 기관이 구성한 협의체인 국립산불협력센터NIFC: National Interagency Fire Center에서 산불에 대처하고 있다.

산불 주관기관

우리나라

우리나라의 산불 진화 주관기관은 산림청이며, 6개 유관기관(국방부, 환경부 국립공원공단, 기상청, 경찰청, 소방청, 문화재청)과 협업으로 산불 현장에서 진화 임무를 수행하게 되어 있다. 산불을 효율적으로 진화하기 위해 각 기관이 담당하는 역할별 업무는 〈산불 진화 기관의 임무와 역할에 관한 규정〉 제21조에 정리되어 있다.

산림청(산림항공본부)의 임무와 역할	∘ 산불 진화 헬기 운영 ∘ 여러 대의 헬기가 진화할 때 공중 지휘기 운영 ∘ 산불현장통합지휘본부에 공중 진화반 파견 ∘ 산불현장대책지원반 구성·지원 ∘ 산불상황분석자문단 구성·지원

표 2-12. 산불 진화 유관기관 및 임무

소방청(소방관서)	국방부(군부대)
◦ 소방 인원, 소방 차량, 소방 헬기 등 소방자원 지원 ◦ 가옥, 시설물의 보호 등 대상 지역에 따른 임무 및 역할 분담 ◦ 도시 지역은 소방관서에서 초동 진화를 적극 지원 ◦ 신고 접수 후에는 신속한 전파 및 대응 조치 ◦ 산불현장통합지휘본부 운영 지원 ◦ 산불현장통합지휘본부에 연락관 파견 및 산불 상황분석자문단에 전문가 파견 지원	◦ 진화 병력 및 헬기 등 진화 자원 지원 ◦ 군 비행장 이용 및 산불 진화 헬기에 대한 급유 지원 ◦ 지원 헬기의 재난 주파수 활용 ◦ 공중지휘기 운영 협조 ◦ 산불현장통합지원본부에 연락관 파견
경찰청(경찰관서)	**기상청(기상대)**
◦ 진화 인력, 경찰 헬기 및 교통통제 인력 등 진화 자원 지원 ◦ 산불을 낸 자 또는 방화범의 검거 ◦ 치안 유지 및 주민대피령 발령에 따른 주민의 보호 ◦ 산불현장통합지휘본부에 연락관 파견	◦ 산불 관련 기상 정보 및 예보 제공 ◦ 기상전문가를 산불현장통합지휘본부 또는 산불상황분석자문단에 파견
환경부(국립공원공단)	**문화재청**
◦ 국립공원 지역에 대한 산불 진화 ◦ 국립공원 인근 지역의 산불 발생에 따른 헬기 등 진화 자원 지원	◦ 문화재보호구역 및 인근 지역의 산불 발생에 따른 문화재 보호 대책 강구 ◦ 문화재 전문가의 현장 파견 및 산불 상황분석자문단에 전문가 파견

표 2-13. 국가별 산불 소관 부처

<table>
<tr><th>국가</th><th colspan="2">소관 부처</th></tr>
<tr><td>미국</td><td colspan="2">◦ 중앙정부: 농림부 - 산림청 - 국유림국, 산불 및 항공관리국
◦ 주정부: 산림국(국립산불협력센터, 전국 산불 진화 운영 관리)
* 산림청이 산불 관리 전략을 개발하여 시행하고, 연방정부는 소유 산림을 관리하며 예산, 정책 수립, 연구 개발 등에 참여</td></tr>
<tr><td>캐나다</td><td colspan="2">◦ 중앙정부: 천연자원부 - 산림청
◦ 주정부(브리티시컬럼비아주): 산림부 - 산림보호국, 산불 관리센터(6개소), 산불항공대(7개소), 장비보관소(2개소)
* 산림청이 산불 관리 수행을 통해 산림 자원 보호를 위한 예방 전략 마련</td></tr>
<tr><td>호주</td><td colspan="2">◦ 토지 관리 책임에 따라 산불 관리(예방, 진화)는 주정부 책임
◦ 산불 진화는 산림청, 주거지역의 방재는 소방청에서 담당
* 산림청과 소방청의 관할구역 및 업무 영역을 명확히 구분하고 상호협조체계 구축</td></tr>
<tr><td>중국</td><td colspan="2">◦ 중앙정부: 임업부 공안방화(公安防火) 부서
* 전국산불방재회의: 임업부, 외교부, 국가계획위원회 등 20개 부처
◦ 현장 진화: 산불방재지휘부 설치·운영
* 관할구역 행정책임자가 최종 책임, 실제 진화는 임업 부처 담당
◦ 산불 연구: 중국임업과학원 - 산림생태환경·보호연구소 - 산림소방연구실</td></tr>
<tr><td>러시아</td><td colspan="2">◦ 중앙: 산림보호부 산림청 - 국립산불센터 - 지역산불센터
* 산불 헬기 조종사 520명, 공중진화대원 4,500명</td></tr>
<tr><td>인도네시아</td><td colspan="2">◦ 중앙: 환경산림부 - 산림보호국 - 산불 진화과
◦ 국유림, 사유림, 국립공원 등 산림관리 부서별로 산불 진화
◦ 환경산림부 산하에 10개소의 산불 관리센터 설치</td></tr>
<tr><td>태국</td><td colspan="2">◦ 중앙: 왕립산림청 - 산불 관리 및 안전교육국 - 산불 관리센터</td></tr>
<tr><td>일본</td><td colspan="2">◦ 산불 예방 및 복구: 농림수산성 - 임야청 - 조림보전과
◦ 산불 진화: 자치성 - 소방청 - 방재과
* 습도가 높아 산불 피해가 크지 않고 임도가 잘 되어 있어 소방차 진입이 가능하여 산불 예방 및 진화에 큰 문제가 되지 않음</td></tr>
<tr><td>영국</td><td>◦ 농수산식품부 - 임업위원회</td><td rowspan="2">연중 습한 날씨로 산불 위험이 낮고, 산불을 순수 산림보호 업무로 인식하여 산림 부서에서 담당</td></tr>
<tr><td>독일</td><td>◦ 연방식량농림부 - 임산자원국</td></tr>
<tr><td>스페인</td><td colspan="2">◦ 자연환경부 - 산림청</td></tr>
</table>

다른 나라

대부분의 국가들의 산불 주관기관은 산림 관련 부처이며 필요에 따라 산불 방지 조직과 연구기관을 운영한다.

잘못된 산불 주관 조직 지정 사례

① 우리나라 지자체의 산불 진화 지휘권 이관 실패 사례

2009년 경상북도는 산불 진화 주관 조직을 도청 내 산림부서에서 소방부서로 변경했다. 그러나 소방부서와 산림부서 간 공조체제 미흡, 진화의 비효율성 등 여러 문제가 발생함에 따라 2년 만에 산림부서로 다시 환원되었다. 산불 진화 지휘권이 이관된 배경에는 시군 녹지직 인력 부족으로 인한 산불 예방 및 진화 업무 병행 등의 업무 과중이 있었다.

이를 자세히 살펴보면, 2009년 5월 산불 업무에서 예방과 진화를 이원화하여 예방 업무는 산림부서에서, 진화 업무는 소방부서에서 전담하는 것으로 바꾸었다. 이어 9월에는 산불 방지 종합대책 시달·운영 시 소방기관의 산불 진화 지휘 책임을 명시하여 산불을 진화할 때 소방본부장이 지휘하고 산림부서는 인력과 장비를 지원하도록 하였다. 하지만 2009년 11월부터 2011년 9월까지 지휘권 이관 운영기간 동안 대형 산불 등의 피해가 증가하였으며, 그 원인으로 산림부서와 소방부서의 공동 진화 역할 분담 미흡으로 인한 초동 대응 실패가 지적되었다. 화재와 산불이 동시에 발생하거나 산불이 민가 주변으로 확산되었을 때, 화재를 먼저 진화하느라 초기 산불을 제대로 진화하지 못해 산

불의 대형화를 초래한 것이다. 이로 인해 2011년 9월 15일에 지휘권 등 산불 업무가 산림부서로 환원되었다. 산림부서는 상황 종합 및 유관기관 협조와 통합지휘를 보좌하고, 소방부서는 소방인력 지상진화 등을 지휘하는 것으로 결정되었다. 결국, 산불 시스템을 통해 신속한 산불 진화·대응이 가능한 산림부서에서 다시 통합적으로 지휘하게 된 것이다.

② 예방과 진화를 이원화한 그리스의 산불 조직

그리스는 지중해성 기후로 국토의 60%가 산림과 초지이다. 겨울은 온화하지만 여름에는 뜨겁고 건조한 바람이 강하게 불어 대형 산불이 발생할 가능성이 높은 나라이다. 한편, 1960년대와 1970년대에 경제 발전으로 농산촌에서 도시로 인구가 이동하면서 산림산업이 쇠퇴하고 산림관리를 소홀히 해 산불 연료가 증가한 상태라 불이 나면 대형화되기 쉬운 조건도 가지고 있다. 지금도 산불 예방은 산림청이, 진화는 소방청이 담당하고 있어 산불 관리에 많은 문제를 내재하고 있다.

1998년, 정치적 이유와 1970~1980년대 산림 내 연료 증가 이후 실적 부진 문제로 산불 진화 업무가 산림청에서 방재부처인 소방청으로 이관되었다. 그러나 소방청은 공중진화대원 운영능력 부족, 공중 진화 자원의 비효율적 배치, 지상 진화 인력의 중요성 간과, 산불 진화 기법(방화선 구축, 산림 특성 고려, 뒷불 감시 등) 무시 등 진화 역량이 부족했다. 기상 여건 또한 불리하다 보니 산불이 동시다발로 발생하면 재난성 대형 산불을 초래하였다.

소방청 이관 직후인 1998년 7월 17일 대형 산불이 발생해 아테네 주변 10만 헥타르의 산림을 태우고 소방관 3명과 자원봉사자 1명이 사망했다. 1999년 관련 예산을 대폭 증가(산림청 예산의 3배)시켰음에도 불구하고 2000년에 17만 헥타르의 산림피해, 2007년에 7만 헥타르의 산림피해와 사망 79명, 건물 3천채 소실 그리고 2018년에는 사망 91명 등 매년 최악의 산불 피해 기록을 경신하고 있다.

산불로 훼손된 자연은 생태적으로 복원해야 한다. 복구가 피해 이전의 상태로 되돌리는 것이라면 복원은 생태계의 구조와 기능 회복에 초점을 둔다. 산불피해지는 식생과 더불어 토양도 생태적으로 복원해야 한다. 기존 생태계는 물론 새롭게 형성된 생태계도 포함하여 이전과 비슷한 생태계로 돌아가는 것이 복원이다.
산불피해지는 자연복원지와 인공복원지로 나누어 관리되고 있는데 각각의 장단점이 있다. 자연복원은 비교적 빠르게 피복되지만, 원하는 수종이나 용재를 얻는 것에 한계가 있다. 인공복원은 경제적 가치가 높은 수목을 생산할 수 있지만, 수목 식재에 필요한 초기 비용이 소요되며 장비를 활용하여 산불 피해목을 정리하는 과정에서 토양교란 피해가 발생한다. 산불 피해목은 타버린 정도에 따라 목재, 우드칩, 발전용 연료 등으로 이용하기도 한다.

3장.
산불피해지 복원과 피해목 활용

글.
안영상(전남대학교 산림자원학과 교수)
강원석(국립산림과학원 산림생태연구과 연구사)

1. 산림 훼손과 복원

생태적으로 복원하기

〈환경정책기본법〉 제3조 5항은 서식지 파괴, 생태계 질서 교란, 자연경관 훼손, 표토 유실 등으로 자연환경의 본래 기능에 중대한 손상을 입은 상태를 '환경훼손'이라고 정의한다. 산불은 숲을 태우는 것으로 그치지 않는다. 연소할 때 발생하는 열은 다양한 생물이 자라는 기반인 토양을 비롯한 생태계 전반에 복합적인 피해를 일으킨다. 환경훼손의 중요한 요인이 되는 것이다.

산불로 훼손된 자연은 생태적으로 복원해야 한다. 생태적 복원은 과거로 회귀 또는 유사한 생태계로 되돌아가는 것을 넘어 지금도 변하고 있는 생태계의 회복을 돕는 과정을 포함한다.[20] 대상 지역의 기존 생태계와 더불어 다양한 환경조건에 의해 새롭게 형성된 생태계까지 포함하는 것이다. 예를 들어 동해안 대형 산불피해지에서는 수관화로 고사한 소나무 아래 활엽수의 그루터기와 뿌리에서 싹이 돋아나면서 입지조건에 따라 새로운 활엽수림이 조성되고 있다. 소나무림 산불피해지에서 맹아로 조성된 활엽수림이 이전 식생이 아니라고 해서 복원되지 않았다고 하지 않는다. 활엽수림 중심의 새로운 생태계가 조성된 것이므로 미래지향적 의미에서 '회복된 건전한 생태계로 복원'된 것이다.

산불피해지를 성공적으로 복원하려면 명확한 이유가 있어야 한다. 단순히 산불피해지를 녹화하기 위해 나무를 심는다거나, 지역의 의견을 반영하여 복원하는 것은 자연생태계의 특성을 무시하고 인간의 뜻대로 복구하겠다는 의미이다. 결국 경관과 지역 개발을 목적으로 하는 복원이 될 가능성이 높다.

산림청은 2022년 3월 발생한 울진·삼척 산불피해지를 복원하기 위해 자연 회복(자연복원)을 기반으로 한 새로운 복원 의사결정 방법을 수립하였다. 산림생태복원 개념을 도입하여 산림생태계의 구조와 기능을 회복시켜 산림의 생물다양성 증진을 통한 안전한 산림환경을 조성하려는 것이다. 〈산림자원의 조성 및 관리에 관한 법률〉이 정의하는 산림복원도 산림생태복원을 강조한다.

그림 2-21. 산불피해지 응급복원 및 생태복원을 위한 의사결정 흐름도(산림청, 2022)

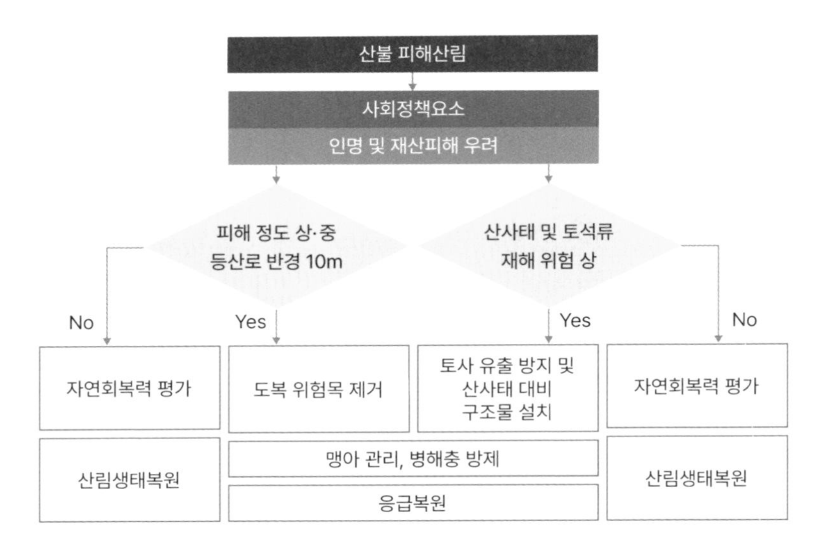

복원과 복구의 차이

> '산림복원'이란 자연적·인위적으로 훼손된 산림의 생태계 및 생물다양성이 원래의 상태에 가깝게 유지·증진될 수 있도록 그 구조와 기능을 회복시키는 것을 말한다
> — 〈산림자원의 조성 및 관리에 관한 법률〉 제2조 10항

산불피해지에서 복원은 자연 생태적 관점인 '생태계의 구조와 기능'에 초점을 둔다. 반면, 복구는 '국민의 안전과 복지'에 중점을 두는 인간 중심의 관점이다. 일반적으로 복구는 재해 분야에서 태풍이나 홍수, 산사태, 화재 등에 의한 피해를 이전의 상

그림 2-22. 복원과 복구 개념 비교

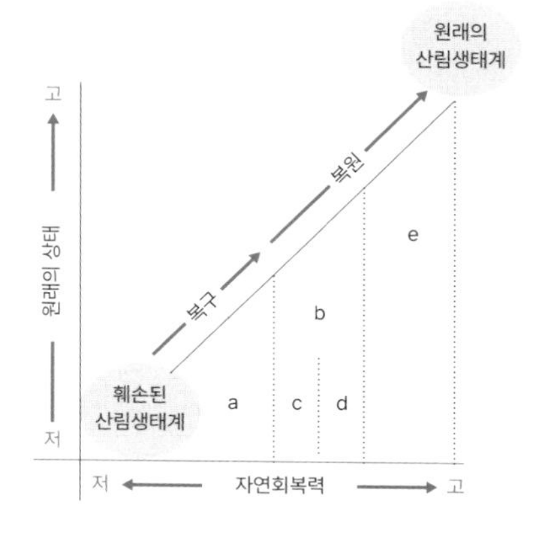

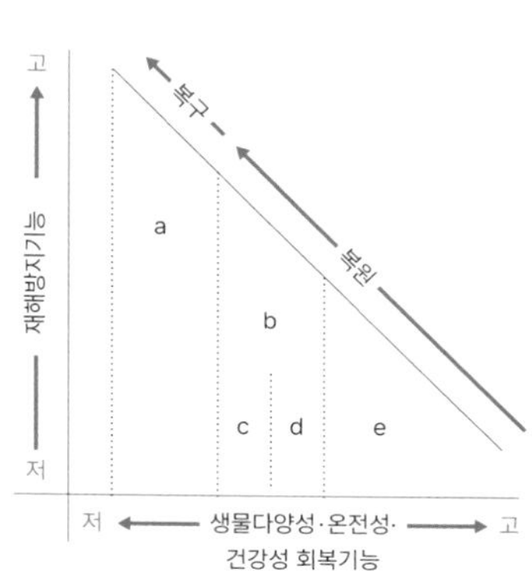

a. 일반적 의미의 산림복구 b. 현실적 의미의 산림복원 c. 기반안정복원
d. 산림식생복원 e. 이상적 의미의 산림복원

태로 되돌리는 것 또는 좋은 상태로 개선하는 것을 의미한다. 따라서 산림복구는 경관 유지와 재해 방지에 중점을 두고 산림의 구조와 기능을 개선하는 것이라 할 수 있다. 우리나라가 1973년부터 황폐해진 국토를 녹화하기 위해 '치산녹화 10개년 계획'을 추진하면서 시행한 조림녹화 사업이 산림복구의 대표적인 사례이다.

2. 산불피해지 복원

식생 복원

우리나라의 산불피해지 복원 유형은 크게 자연복원과 인공복원으로 구분할 수 있다.[21] 자연복원은 생태계가 스스로 회복할 수 있는 경우에 자연천이에 의해 새로운 숲이 만들어지게 하는 방법으로 비교적 빠르게 피복되고 2차 토양교란 피해가 없다. 그러나 원하는 수종이나 용재를 얻는 것에 한계가 있다. 또한 토양침식이 발생하는 사면에서는 피복이 어려운 단점이 있다.

인공복원은 토양 기반이 불안정하여 스스로 회복하기 어려운 곳이 빨리 피복될 수 있도록 식생이 유입되는 환경을 만들어 주는 것이다. 때로는 경제적 가치가 높은 수목을 심어 관리하기도 한다. 초기에는 자연복원에 비해 생장 속도가 느리고, 장비를 활용하여 산불 피해목을 정리해야 해서 토양교란 피해가 발생하기도 한다. 또한 묘목을 심기 위한 초기 비용이 소요된다는 단점이 있다.

1996년 발생한 강원도 고성 산불피해지는 우리나라에서 처음으로 복원계획을 수립한 곳이다. 산불피해지는 3,762 헥타르지만 생태학적 피해는 공식 피해 면적의 3배인 1만 헥타르에 달했다. 국립산림과학원은 이 지역을 자연복원지와 인공복원지로 나누어 생태계 복원과 관련한 연구를 하며 장기 모니터링을 이어가고 있다.[22]

그림 2-23. 고성(1996년, 2000년) 산불피해지의 자연복원 및 인공복원 시험지 전경(강원석 등, 2022)

자연복원지	인공복원지

수직 층위별 종 구성

① 자연복원지

고성 산불피해지의 자연복원지에서는 신갈나무와 굴참나무 새싹이 움트며 우세해져 참나무림이 유지될 것으로 보인다. 일반적으로 온대림의 산불피해지에서는 참나무처럼 천이 과정에서 맹아력이 있거나 종자의 외피가 두꺼운 수종이 많은 개체수를 이룬다고 알려져 있다.[23] 하지만 산지 상부의 지표 토양이 침식되어 척박한 곳에서는 소나무가 점점 우거지고 있다. 토질이 불량하고 표토층이 노출된 산불피해지에서는 소나무가 참나무보다 생육하기 적합한 것으로 보인다.

자연복원지는 다양한 식물로 뒤덮이고 있지만 경사지나 능선부 등은 부분적인 침식으로 토양이 드러난 맨땅에서 식생의 피복이 낮았다. 최근 발표된 미국 옐로우스톤 국립공원 산불피해지(1988년)의 자연복원 연구결과, 종자 공급이 제대로 이루어지지 않는 지역은 식생 복원이 원활하게 진행되지 않았으며, 점차 황폐해질 가능성이 높은 것으로 드러났다.[24]

② 인공복원지

소나무 인공복원지는 교목층과 아교목층에서 소나무가 우점하여 소나무림이 유지될 것으로 판단된다. 아교목층에서 굴참나무가 일부 출현하였으나 개체수가 매우 적었으며, 하층에서는 신갈나무와 졸참나무의 어린 개체가 출현하고 있었다. 따라서 장기적인 측면에서 신갈나무와 졸참나무의 수세 확장이 예측된다. 복원 목표가 소나무 목재 생산이라면 소나무의 생육을 저해하는 수목은 관리가 필요할 것이다.

자작나무 인공복원지의 교목층은 2018년에는 자작나무의 중요치가 가장 높게 나타났으나, 점차 소나무와 경쟁 관계에서 세력이 약해져 2020년에는 소나무가 가장 우세한 것으로 나타났다. 아교목층에서는 참나무류인 신갈나무, 졸참나무, 떡갈나무가 우점하였다. 자작나무는 교목층, 아교목층에서 세력이 점차 약해지고 있으며, 관목층에는 자작나무가 분포하지 않아 임지 관리가 시행되지 않을 경우 다른 수종으로 천이가 일어날 것으로 보인다.

그림 2-24. 고성 산불피해지의 층위별 주요 수종 변화

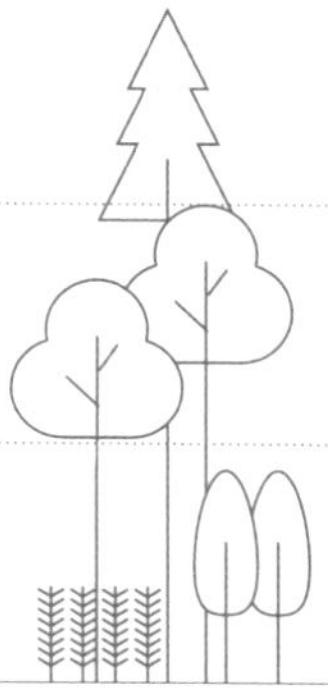

	자연복원	인공복원	
		소나무림	자작나무림
교목층	신갈나무 굴참나무 졸참나무	소나무	소나무 자작나무
아교목층	신갈나무 졸참나무	소나무 굴참나무	신갈나무 굴참나무 떡갈나무
관목층	청미래덩굴 조록싸리	졸참나무 싸리	진달래 청미래덩굴 싸리

종다양도 변화

종다양도는 임분의 안정도를 나타내는 지표로, 종다양도가 높다는 것은 생태적으로 건강하다는 의미이다.[25] 자연복원지의 최근 종다양도는 2.461로 인공복원지인 소나무림의 2.404 및 자작나무림의 2.766과 비슷한 경향을 보였다. 즉, 산불피해를 입은 지 20여 년이 경과한 시점에서 인공복원지와 자연복원지의 종다양도는 차이를 보이지 않았다.

균제도는 1에 가까울수록 종별 개체수가 균일한 것을 의미한다.[26] 자연복원과 인공복원 모두 0.8~0.9로 비교적 균일한 값을 나타냈다. 우점도는 0.9 이상일 때 1종, 0.3~0.7일 경우 2~3종, 0.3 미만이면 다수 종이 우점한다고 알려져 있다.[27] 2020년 고성 산불피해지의 자연복원지와 인공복원지의 우점도는 0.09~0.24로 서로 다른 종이 분포하는 가운데 다수의 종이 우점하는 것으로 나타나고 있다.

표 2-14. 고성 산불피해지의 종다양도

복원유형	시험지	연도	다양도	균제도	우점도
자연복원		2020	2.461	0.758	0.243
인공복원	소나무림	2020	2.404	0.792	0.208
	자작나무림	2020	2.766	0.911	0.090

주요 수종의 생장 특성

고성 산불피해지 주요 수종(소나무, 굴참나무, 신갈나무,

그림 2-25. 고성 산불피해지의 주요 수종별 수고생장 추이(강원석 등, 2022)

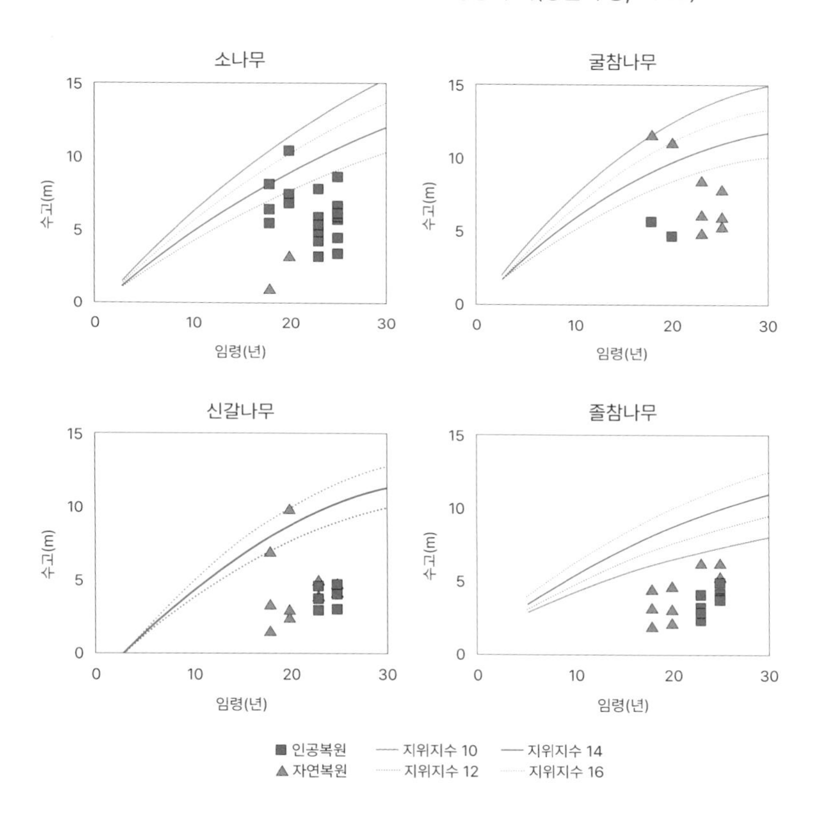

졸참나무)의 수고생장을 비교하기 위하여 임분수확표[28]를 참고한 결과, 인공복원지의 소나무의 높이는 지위지수◆ 14 기준에 근접했다. 산불피해지와 같이 척박한 환경에서도 잘 자라고 있는 것이다. 그러나 자연복원지의 소나무는 토질이 불량하고 표토층이 노출된 비탈 지역에 출현하여 생육이 좋지 않았다.

◆
지위지수: 지위(임지의 생산 능력)를 판정하기 위하여 수종, 기후, 지세, 토양 조건 등의 환경요인을 조사하고 점수화한 것.

굴참나무의 수고생장은 자연복원지가 인공복원지보다 높게 나타났지만, 일반적인 지역의 생장보다는 낮은 경향을 보였다. 한편, 자연복원지의 굴참나무는 사면 위치에 따라 생장과 출현 양상의 차이가 크게 나타났다. 계곡부인 하부에서는 지위지수 14에 가까운 양호한 생장량을 보였지만, 지표 토양 침식으로 척박한 경사면이나 능선부에서는 출현하지 않았다. 신갈나무의 수고생장은 굴참나무와 같이 자연복원지에서 우수하였고, 특히 사면 하부에서는 생장량이 많았다. 그러나 신갈나무도 척박한 능선부에서는 수고 생장이 낮았다.

졸참나무도 자연복원지에서 수고생장량이 인공복원지보다 높게 나타났다. 그러나 굴참나무, 신갈나무와 달리 사면 하부보다 토양이 척박한 능선부에서 비교적 양호한 생장을 보였다. 이는 계곡부와 같이 입지환경이 비교적 양호한 곳에서는 참나무 간 경쟁에서 밀려 생장이 저조한 것으로 생각된다.

토양 복원

산림 내 수목은 토양의 양분 순환 과정에서 필요한 양분을 얻는다. 토양은 생태계에서 물질 순환 매체로 생태계의 중요한 구성 요소이자 모든 생물이 살아가는 근간이 되는 곳이다.[29] 그런데 산불피해지는 연소되면서 양분 공급과 손실의 균형이 파괴된 생태계로 변한다.[30]

토양은 식물이나 동물보다 복원 시간이 더 오래 걸린다. 토양 복원은 단순히 식생이 회복되고 동물이 자주 출현한다고 토양이 복원되었다고 하지 않는다. 유기물이 토양 안에 축적되고 이후 토양 미생물과 소동물이 유입되는 등 토양생태계가 구성되어야 하기 때문이다.

2000년 발생한 동해한 산불은 우리나라 산림생태계에 가장 큰 피해를 입힌 대표적 산불 중 하나이다. 토양의 회복 정도를 파악하기 위해서는 토양의 이화학적 특성뿐 아니라 수목의 생육, 토양의 미생물 및 소동물 등을 종합적으로 분석해야 한다. 장기 모니터링으로 이곳을 연구한 결과, 산불 피해 이후 20여 년이 지난 현재 토양의 이화학적 특성은 산불 피해를 보지 않은 곳 수준으로 점차 회복되고 있는 것으로 판단된다. 하지만 일부 항목은 여전히 적정 수준에 도달하지 못하고 있다.

토성

강원 지역의 산불 미피해지(대조구)의 토성은 모래 65.2%, 미사 28.4%, 점토 6.4%로 사질양토로 분류된다. 고성 산불 인공복원지의 토성은 모래 61.3%, 미사 23.0%, 점토 15.8%이며, 자연복원지는 모래 53.8%, 미사 32.2%, 점토 14.0%로 구성되어 산불 미피해지와 약간의 차이는 있지만 동일한 사질양토로 분류되었다. 특히 산불피해지의 자연복원지 및 인공복원지의 토성은 수목 생육을 위한 적정 범위(모래 45~65%, 미사 20~35%, 점토 10~20%)에 포함되는 것으로 나타났다.[31]

그림 2-26. 고성 산불피해지의 (a) 토성 및 (b) 토성 분류(강원석 등, 2022)

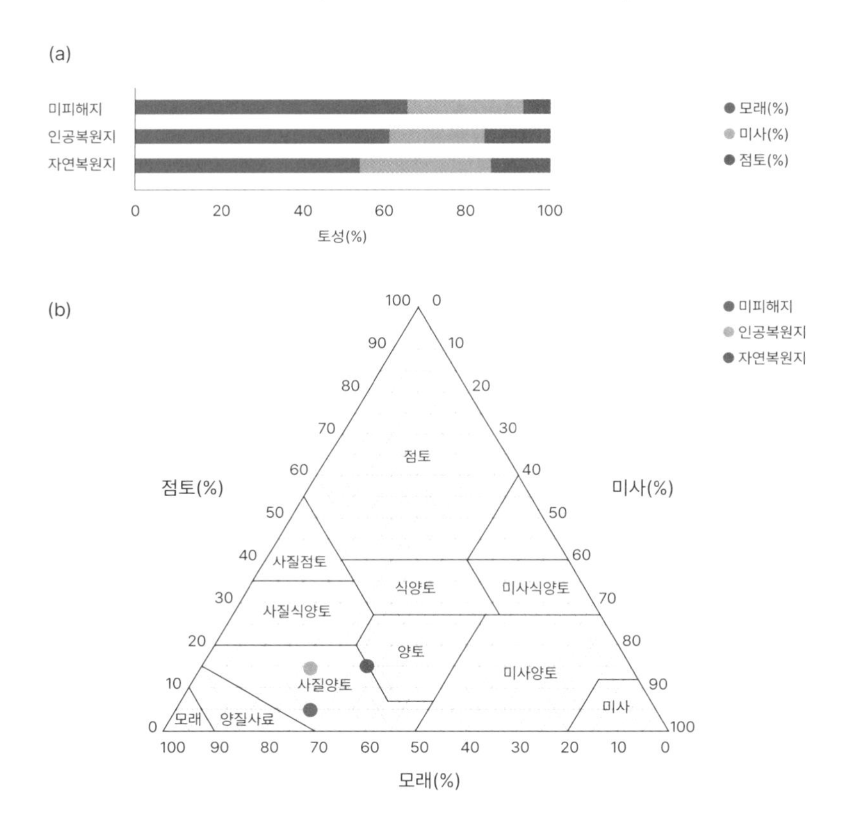

토양 산도(pH)

산불피해지의 토양 산도는 자연복원지 5.00~5.39, 인공복원지는 5.02~5.33을 나타냈다. 자연복원지와 인공복원지는 모두 수목 생육 적정 범위인 pH 5.5~6.5와 비슷한 수준을 보였다. 이는 산불피해지 주변에서 자라는 소나무와 참나무류의 생장에 적합한 환경이다. 참고로 자연복원지와 인공복원지의 토양 산도는 산불 미피해지 5.00으로 국가산림자원조사의 강원지역의 평균 5.20과 별다른 차이가 없었다.[32]

유기물(OM)

산불 피해 이후 시간이 흐르면서 자연복원지의 유기물 함량은 3.20%에서 6.59%로 증가한 반면, 인공복원지는 4.00%에서 2.79%로 감소하였다. 자연복원지의 유기물 함량은 미피해지(9.60%)보다 낮았지만, 강원지역의 평균 유기물 함량(4.10%)보다는 높았다.

전질소(TN)

자연복원지의 전질소는 0.12%에서 0.27%로 유기물 함량과 같이 시간이 지날수록 증가하는 경향을 보였다. 하지만 인공복원지는 0.14~0.15%로 시간이 경과하여도 달라지지 않았다. 자연복원지와 인공복원지의 전질소는 미피해지(0.32%)보다는 낮았지만, 자연복원지의 최근 평균은 강원지역의 평균(0.21%)보다 높게 나타냈다.

유효인산(AP)

최근 유효인산은 자연복원지와 인공복원지에서 급격하게 증가하여 각각 20.32mg·kg^{-1}, 17.37mg·kg^{-1}으로 산불 미피해지(14.80mg·kg^{-1})와 강원지역 평균(7.50mg·kg^{-1})보다 높게 나타났다.

양이온치환용량(CEC)

산불피해지의 양이온치환용량 변화를 보면 자연복원지는 7.21~13.37$cmol_c \cdot kg^{-1}$이고, 인공복원지는 8.69~13.81$cmol_c \cdot kg^{-1}$로 나타났다. 이들 지역의 양이온치환용량은 산불 미피해지(21.65$cmol_c \cdot kg^{-1}$) 및 강원지역 평균(19$cmol_c \cdot kg^{-1}$)에 도달하지 못하였다.

그림 2-27. 고성 산불피해지의 (a) 토양 산도, (b) 유기물, (c) 전질소, (d) 유효인산, (e) 양이온치환용량 특성 변화(강원석 등, 2022b)

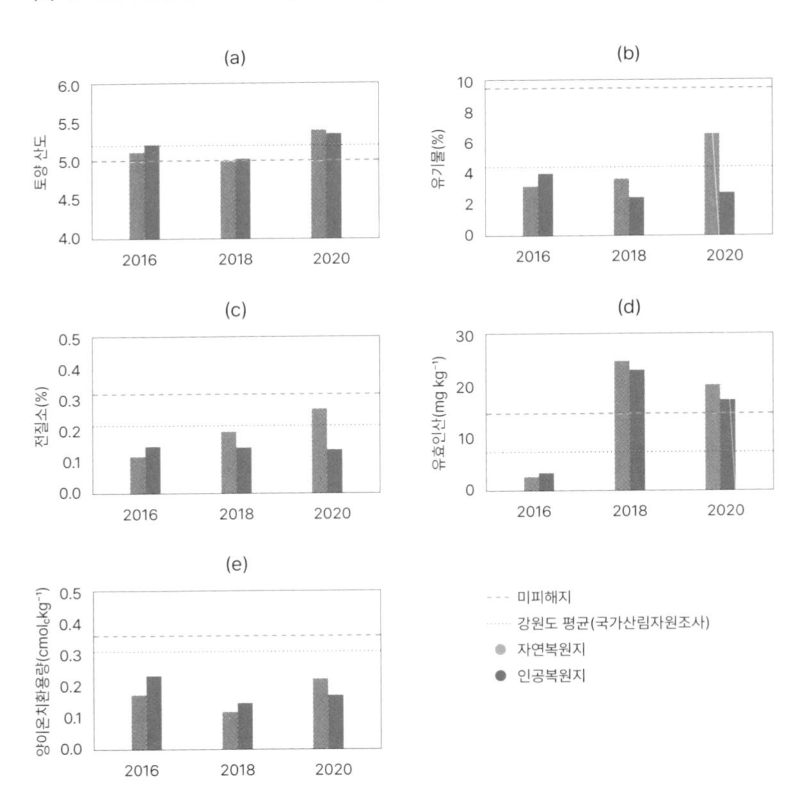

3. 산불 피해목 활용

산불피해지를 인공복원하려면 타버린 피해목을 제거하고 묘목을 심어야 한다. 산불 피해목은 폐기물 처리 비용이 발생하기 때문에 합리적인 처리 방안을 모색하고 있지만 활용처는 부족한 상황이다. 산불 피해목 중에서 겉은 타버렸지만 내부는 정상인 경우 목재로 충분히 이용할 수 있다. 최근에는 산불 피해목으로 우드칩을 만들어 섬유판이나 파티클보드 등의 원료로 사용하거나 발전용 연료로 이용하기도 한다. 따라서 산불로 고사한 소나무를 자원으로 이용하려면 피해목의 부후 진행에 따른 재질 변화 등에 관한 자료를 구축해 적정 벌채 시기를 합리적으로 판단해야 한다.

산불 피해 소나무의 특성

고사 특성

강원도 삼척 일대에서 발생한 산불(2017년 5월 6일~9일)에 그을린 소나무는 시간이 지날수록 생육이 저하되면서 고사가 꾸준히 진행되고 있었다. 그러나 일부 시험구의 완만한 사면(평균 경사도 19°)에 위치한 소나무 중에서는 수간의 그을음 높이(면적)가 낮아 연소 피해가 적어 고사한 나무는 발견되지 않았다.

그림 2-28. 산불에 그을린 소나무 피해목(강원석 등, 2022)

(a) 지표화 피해를 입은 그을린 소나무

(b) 잎이 갈색으로 변하며 고사한 소나무

표 2-15. 산불 피해목의 시간 경과에 따른 고사율 변화(강원석 등, 2022)

	경사(°)	흉고직경(cm)	고사율(%)				
			2018.7	2018.10	2019.9	2020.7	2021.9
시험구 1	21.2	33.5	14.0	16.3	27.9	32.6	32.6
시험구 2	26.4	32.1	2.0	6.3	22.0	24.9	26.3
시험구 3	19.0	36.9	0	0	0	0	0

해부 특성

산불 피해가 없는 소나무의 횡단면 형성층대는 세포 분열이 왕성해서 신생 목부세포가 60~65열 생성되었다. 하지만 중간 정도 또는 심각하게 연소 피해를 받은 소나무는 형성층의 세포 분열 활동이 일어나지 않아 신생 목부세포가 관찰되지 않았다. 약한 연소 피해의 소나무는 일부 살아있는 형성층 세포가 20~23열의 신생 목부세포를 생성한 것을 관찰하였지만, 미피해목과 비교하면 생장 속도가 1/3 정도 느렸다.

부후 특성

산불 피해로 고사한 지 1년이 넘은 소나무는 대부분의 가장자리가 푸르스름하게 변하는데, 이러한 청변은 시간이 지날수록 더욱 심하게 진행된다. 그리고 2~3년이 지나면 나무의 가장자리가 부분적으로 썩거나 해충의 피해를 입어 목재로서의 가치를 상실하게 된다. 소나무 피해목은 4~5년이 지나면 가장자리는 물론 중심부까지 썩어 들어가면서 임목 가치를 완전히 상실하게 된다.

그림 2-29. 소나무 산불 피해목의 부후 변화(강원석 등, 2022)

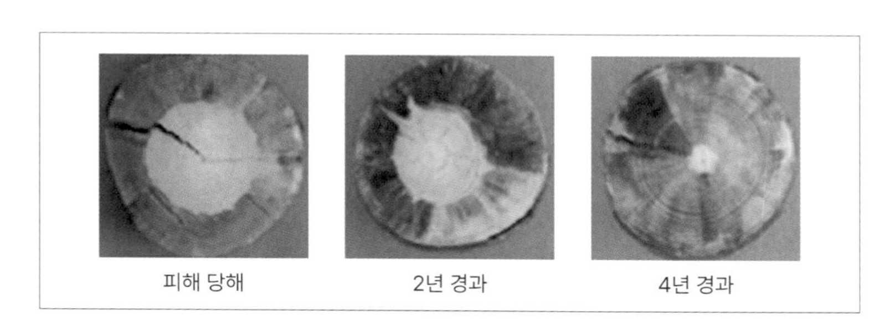

역학적 성능

산불에 고사한 소나무의 가장자리와 중심부의 충격휨흡수에너지는 고사 1년이 지난 후에는 겉과 속의 구분 없이 급격하게 줄어들었다.[33] 따라서 초기 부후를 예측하는데 충격휨흡수에너지가 유용한 지표임을 알 수 있다. 예를 들어, 고사 1년이 지난 피해목의 충격휨흡수에너지는 일반 목재의 33%였지만, 5년이 지난 경우 20%에 불과하였다.

일반적으로 부후에 의한 중량 감소율이 1~2% 정도 발생하면 충격휨흡수에너지는 20~50% 이상 줄어드는 것으로 알려져 있다.[34] 이처럼 충격휨흡수에너지가 부후에 민감한 것은 미세한 부후 균사가 세포벽을 가로지르며 횡단 방향으로 발달하여 측방향 하중에 취약한 경계면이 형성되기 때문이다.[35]

그림 2-30. 소나무 산불 피해목의 경과 년수에 따른 역학적 특성 변화(박정환 등, 2008)

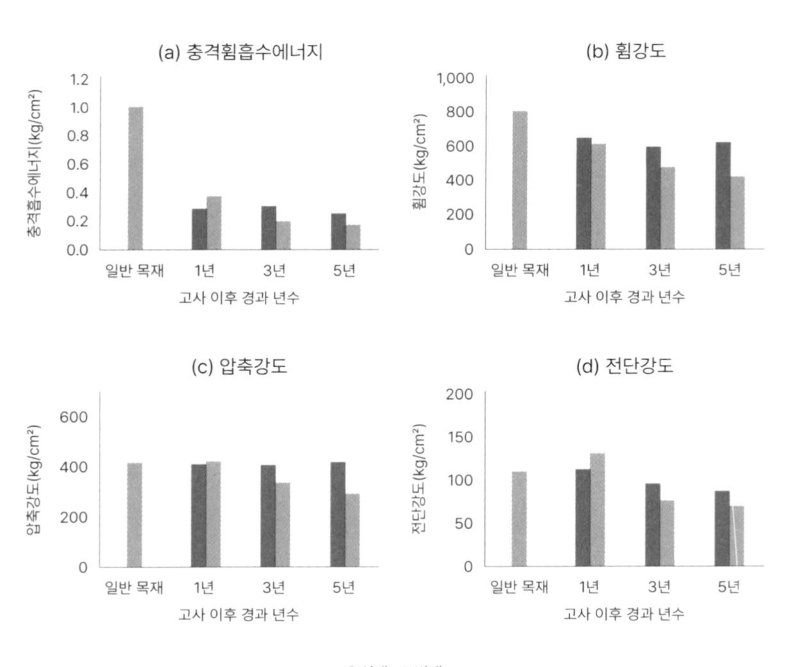

그러나 휨강도, 압축강도, 전단강도의 경우, 고사 경과에 따른 중심부의 감소는 가장자리에 비해 두드러지지 않았다. 이는 중심부의 외관 변화가 중량 감소로 인한 재질 열화로까지 진행되지 않았음을 의미한다. 예를 들어 소나무 피해목의 고사 1년 후 휨강도 감소율은 20%였는데, 고사 이후 5년이 지난 후에도 60% 이상의 강도 성능을 발휘하였다. 특히 압축강도는 고사 이후 5년이 지나도 일반 목재의 85%에 달하는 성능을 유지하고 있었다. 따라서 산불 피해목을 제한적인 목적으로 사용한다면, 고사가 상당히 진행되었더라도 중심부의 목재는 용재로 활용할 수 있는 것이다. 그러나 전반적인 역학 성능 감소와 외관의 변화를 고려하면, 산불 발생 후 1년 이내에 피해목을 벌채해 이용하는 것이 목재의 재질 성능을 유지하면서 일반 목재와 동일한 용도로 활용할 수 있는 허용기간인 것으로 판단된다.

소나무 피해목의 목재펠릿 이용

압축강도

압축강도는 펠릿을 수송하고 저장할 때 내구성을 가늠할 수 있는 비교 척도로 사용되는데 산불 피해목의 압축강도는 정상적인 소나무와 차이가 거의 없다. 그래서 제품의 파손으로 인해 발생되는 상품성 저하 문제는 없을 것으로 예상된다.

표 2-16. 일반 소나무와 피해목의 압축강도, 회분 및 발열량(권성민 등, 2007)

	일반 소나무		산불 피해목	
	20~40 mesh	40 이상 mesh	20~40 mesh	40 이상 mesh
압축강도(kgf/cm^2)	168 ± 18	149 ± 34	145 ± 20	155 ± 20
회분(%)	0.37	0.32	0.35	0.25
발열량(MJ/kg)	18.47	18.71	18.81	18.88

회분

펠릿을 연료로 이용할 때, 연소 이후 회분이 남아서 스토브의 열 교환 부분에 부착되면 열 교환 효율을 떨어뜨리게 된다. 그래서 펠릿의 회분량을 측정하는 것은 중요하다. 일반적인 소나무와 피해목 펠릿의 회분량은 각각 0.32~0.37%, 0.25~0.35%로 나타났다.[36] 다른 연구에서도 목재펠릿을 탄화하였을 때 회분량이 각각 1.4~5.0%,[37] 0.6%로 나타나 산불 피해목의 펠릿 회분량과 비슷한 결과를 보였다.

발열량

일반 소나무와 산불 피해목의 펠릿 발열량은 18~19MJ/kg으로 연소 피해 여부와 톱밥 크기에 따른 차이는 보이지 않았다. 특히, 산불 피해목의 펠릿 발열량은 탄화되지 않은 목재펠릿의 발열량으로 보고된 약 20MJ/kg[38]과 유사하여 펠릿의 원료로 활용할 수 있을 것으로 생각된다.

3

산불의 과거와 현재, 미래

사진: 국립산림과학원 김은숙 박사

산불이 나면 애꿎은 소나무가 타박을 받는다. 정유 성분이 많은 소나무가 불쏘시개 역할을 하여 산불에 취약하다는 것이다. 그래서 활엽수 위주로 숲을 관리해야 한다는 주장도 제기되고 있다. 하지만 소나무는 오랫동안 우리 국민들이 가장 좋아하는 나무로 손꼽는 나무로 산불피해지를 비롯한 척박한 땅에서도 잘 자리 잡아 생태계를 회복시키는 고마운 나무이기도 하다. 소나무의 이 같은 복합적인 생태와 소나무가 국민에게 제공하는 여러 가치를 고려해 산불 저감과 양립할 수 있는 소나무 관리 방안을 마련해야 한다.

1장.
산불과 소나무

글.
임주훈((사)한국산림복원협회 회장)
김은숙(국립산림과학원 산림생태연구과 연구사)

1. 소나무의 과거, 현재, 미래

한국인이 가장 좋아하는 나무

'소나무 아래에서 태어나서 소나무와 더불어 살다가 소나무 그늘 아래서 죽는다'라고 할 정도로 소나무는 한국인의 생활 모든 측면에 밀접하게 연관되어 있다. 과거 소나무는 주민들의 삶과 국가정책에 있어 매우 중요한 수종으로 인식되어 왔으며, 지금도 다르지 않다.

우리나라를 대표하는 나무에 대한 2022년 국민 인식 설문조사에서 우리 국민이 가장 좋아하는 나무 1위로 꼽힌 것도 소나무이다. 일반인의 37.9%, 전문가 39.3%가 소나무를 가장 좋아한다고 응답했다.[1] 소나무를 선호하는 이유로 국민들은 경관적 가치(29.0%)와 환경적 가치(24.8%)가 높아서라고 응답한 반면, 전문가 집단은 인문학적 가치(36.0%)와 경관적 가치(24.6%)가 높다는 것을 이유로 꼽았다. 소나무림의 경관적 가치는 모두가 높게 평가하는 가운데 국민은 소나무의 환경적 가치를, 전문가는 소나무의 인문학적 가치를 더 높게 평가한 것이다.

소나무림의 관리 목표에 대하여 국민들은 '휴양, 관광(경관), 교육적 가치가 높은 소나무림의 보호'(21.3%), '역사·문화적 가치가 높은 소나무림의 보호'(19.8%)를 중요하게 생각했고, 전문가는 '역사·문화적 가치가 높은 소나무림의 보호'(25.9%), '대형 우량 목재 생산을 위한 소나무림의 육성'(24.5%)을 중요한 목표로 인식하고 있었다.

표 3-1. 2022년 한국인의 수종 선호도(선택형 질문) 설문조사 결과(국립산림과학원, 2022)

구분	국민(1,200명)		전문가(290명)	
	1순위(%)	2순위(%)	1순위(%)	2순위(%)
합계	소나무(37.9)	단풍나무(16.8)	소나무(39.3)	느티나무(22.8)
남성	소나무(40.0)	단풍나무(14.6)	소나무(47.7)	느티나무(22.3)
여성	소나무(35.8)	단풍/벚나무(19.2)	느티나무(23.7)	소나무(21.5)

* 조사대상: (국민)15세 이상 70세 이하, (전문가)임업인, 목재산업 종사자, 산업계, 행정기관, 연구기관, 학계 등
* 수종: ① 소나무, ② 은행나무, ③ 단풍나무, ④ 느티나무, ⑤ 감나무, ⑥ 플라타너스, ⑦ 벚나무, ⑧ 버드나무, ⑨ 잣나무, ⑩ 향나무, ⑪ 상수리나무, ⑫ 신갈나무, ⑬ 기타 중 선택

이처럼 소나무는 현대에 이르러서도 여전히 한국인에게 중요한 수종으로 인식되고 있다. 목재 이용 가치와 문화적 가치를 추구했던 과거에 비해 최근에는 휴양, 관광 등의 이용 가치, 환경적 가치가 부각되고 있다.

소나무*Pinus densiflora* Siebold & Zucc.는 일반적으로 높이 35m, 흉고직경 1.8m 정도까지 자랄 수 있다. 지역별로 다양한 모습으로 자라는데, 강원도와 경상북도 지방에는 줄기가 휘어지지 않고 곧게 자라며 나무껍질이 매끈하고 적갈색인 금강소나무*Pinus densiflora Siebold & Zucc.* for. *errecta* Uyeki가 자란다.

대관령 자연휴양림이나 안면도, 남한산성의 울창한 소나무 숲에 가면 쭉쭉 뻗은 소나무들이 거의 같은 키로 자라고 있는 모습을 볼 수 있다. 소나무가 곧게 자라는 것은 위쪽으로 왕성하게 자라는 정아우세 현상이 강하기 때문이다. 그리고 이는 활엽수보다 높게 자라 서식지에서 우위를 차지하려는 소나무의 생존

전략이기도 하다. 가지 끝의 끝눈(정아)에서 옥신 계통 식물호르몬을 분비하여 옆으로 자라는 측아 생장을 억제하여 위로 자라는 가지가 옆으로 자라는 가지보다 빨리 자라게 하는 것이 정아우세 현상이다. 소나무는 수관 꼭대기의 끝눈에서 난 신초(그 해 새로 난 가지)가 일 년에 한 마디씩 자라는 마디 생장을 지속하므로 원추형 수관을 형성한다. 이에 반해 참나무류 수종은 어릴 때는 정아우세 현상이 나타나지만, 점차 측지가 발달하여 공 모양의 넓은 수관을 이룬다.[2]

수관이 빽빽하게 자란 소나무 숲속에서 자랄 수 있는 식물은 상당히 제한되어 있다. 개옻나무, 쇠물푸레나무 등이 아교목층을, 산철쭉, 진달래, 생강나무, 청미래덩굴, 조록싸리 등이 관목층을 이루며 산거울, 미역취, 새, 맑은대쑥 등이 초본층을 이룬다. 교목층에는 벚나무류가 간혹 나타날 뿐 거의 소나무로만 이루어져 있는데, 이러한 숲의 모습은 소나무가 양수陽樹로서 무리지어 살며 뿜어내는 타감물질에 의해 조절된다.[3]

소나무의 또다른 생존전략은 지속적인 광합성 활동이다. 사철 푸른 소나무는 사계절 내내 잎을 달고 있기 때문에 낙엽수보다 더 오래 광합성 활동을 할 수 있다. 소나무에는 매년 새 잎이 나는데, 2년 이상 나뭇가지에 붙어 있다가 3~4년이 지나면 떨어진다. 그래서 나무 전체적으로 보았을 때 항상 잎을 일정 수준 이상으로 달고 있는 것처럼 보인다. 소나무의 생장 활동은 4월에서 11월까지 진행된다. 4월에 수꽃이 발생하면서 새순이 자라고, 5월에 새순 끝에 암꽃이 생성되는 시기부터는 새 잎이 왕

그림 3-1. 시도별 소나무림 분포 현황

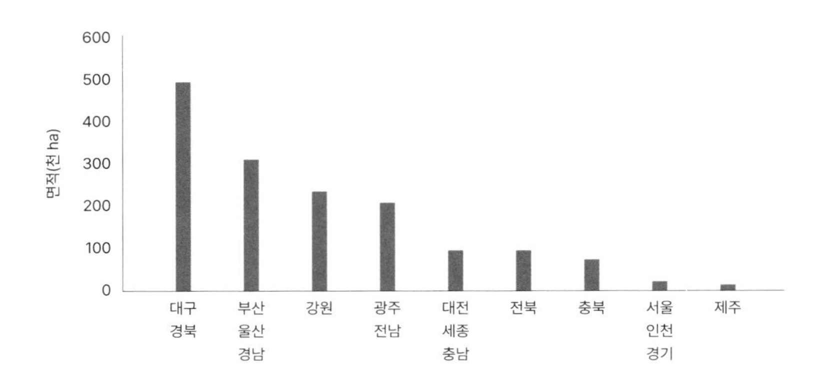

그림 3-2. 우리나라의 소나무림 분포

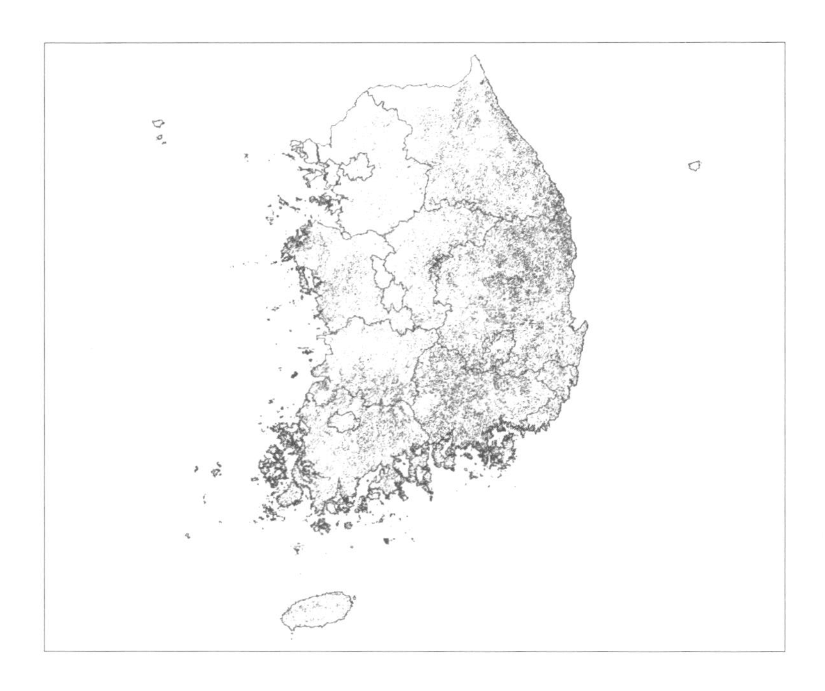

성하게 자라기 시작한다. 새로난 잎은 9월까지 계속 자라다 10월이 되면 과거의 잎들이 갈변하면서 떨어진다. 전년도에 피었던 암꽃이 5월부터 솔방울로 자라 생장하기 시작하여 11월이 되면 성숙된다.

소나무와 더불어 살다가

소나무는 우리나라 산림 전역에서 가장 넓은 면적을 차지하고 있는 핵심 수종으로, 소나무림(소나무, 곰솔)은 경북(대구), 경남(부산, 울산), 강원 순으로 넓게 분포해 있다. 소나무 밀집(시군 면적 대비 소나무림 비율 기준) 지역은 울진, 통영, 안동, 의령, 고성(경남) 등으로 경상남·북도에 주로 위치해 있다.

100년 전, 우리나라 산림에는 지금보다 소나무가 더 많았다. 조선시대의 소나무림 육성 정책, 산림의 과도한 이용과 교란으로 인한 황폐화 등으로 과거 남한 지역 산림의 대부분이 소나무림이었다.[4] 1910년 기준, 남한 지역 산림의 입목지(성림지+치수 발생지) 내에 소나무림 면적은 약 78%였다. 그런데 당시 남한 지역 산지는 매우 황폐한 상황이어서 전체 소나무림 중 19% 만이 충분히 자란 성림지였고, 81%는 어린나무 중심의 치수림이었다.

우리나라는 산림의 무분별한 이용, 한국전쟁 피해 등을 겪은 후 1970년대부터 산림녹화와 산림관리 활동을 본격화했다. 이때부터 비로소 황폐했던 어린 숲이 건강하게 성장할 수 있었다. 현재 우리 산림은 소나무림 비율이 27%로 과거에 비해 비중이 많이 줄어든 상황이다. 하지만 이전과는 다르게 대부분 성림지로 잘 성장한 소나무림을 보유하고 있다. 100년 전에 비해 소나무림의 전체 면적은 절반 가까이 줄어들었지만, 성림지 면적은 3배 정도 증가했다.

소나무는 과거부터 현재까지 우리나라의 산림생태계를 구성하는 가장 중요한 요소로 자리매김해왔으며 현재의 산림생태계를 지탱하는 제1수종이다. 척박한 곳에서도 잘 자라는 소나무는 산림훼손지, 급경사지, 험준지 등의 산림생태계를 회복하고 유지하는 데에 큰 역할을 하고 있다.

그림 3-3. 1910년 기준 한반도 산림 분포 현황

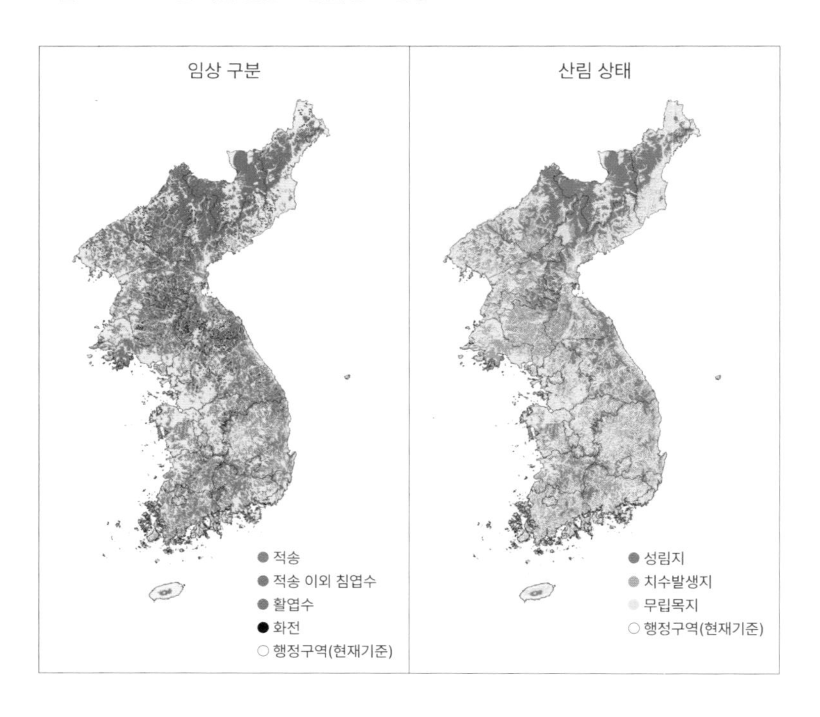

소나무는 오랜 세월 우리 곁에서 수많은 사회적, 경제적, 문화적, 환경적 혜택을 주고 있다. 한의학에서는 솔잎은 소화제와 기운을 돋우는 강장제로 사용되어 왔으며, 꽃은 이질에 특효가 있다. 줄기에 상처를 내 채집한 송진은 통증이나 염증 부위의 고름을 배출하는 효능이 있어 고약의 원료로 사용되었고 저리고 아픈 풍습이나 피부가 짓무르는 악창 등을 치료할 때 활용했다. 벌채한 지 3~4년이 지난 소나무의 뿌리에 균 덩어리가 뭉치며 만들어지는 버섯인 복령은 지금도 귀한 한약재로 쓰인다.

소나무 특유의 성분은 술과 음식으로도 이어졌다. 소나무로 만든 술은 부은 상처를 가라앉히며 이뇨 효과가 있다. 술을 빚는 시기와 방법에 따라 송엽주, 송실주, 송운주, 송하주, 송절주 등이 있다. 소나무 줄기 속껍질로 떡을 만들어 먹거나 솔잎을 갈아 죽을 만들어 먹는 등 구황식물로 이용하였고 송홧가루로는 다식을 만들어 먹었다. 송편을 찔 때도 솔잎을 깔아 사용했다. 소나무에서 자라는 버섯인 송이는 고가의 상품으로 소나무에서 생산되는 버섯 중 가장 상업적으로 널리 이용되는 중요 임산물이다.

선조들은 말라서 땅에 떨어진 솔잎인 솔가리와 소나무숯인 송탄을 취사와 조리에 사용했고, 소나무 목재로 지은 한옥에서 온돌에 소나무 장작을 때어 난방을 하며 살았다. 소나무의 목재는 재질이 우수하고 강도가 높아서 건물의 기둥·서까래·대들보가 되었고 배를 만드는 데 사용되기도 했다. 경복궁 복원에도 소나무 목재가 사용되었는데, 특히 대들보에는 척박한 곳에서 수백 년 자란 목질이 단단한 나무를 이용했다. 가구나 생활 도구,

농기구, 각종 소품 등 생활에 필요한 거의 모든 물건의 재료로 이용되었던 소나무 목재는 지금도 펄프 용재로 이용되고 있으며 송진을 증류해서 얻은 테르펜유는 페인트, 니스 등의 원료로 쓰인다.

소나무는 신성함과 고귀함의 상징이기도 하다. 소나무 가지가 부정을 물리치고 정화한다고 해 아기를 낳거나 장을 담글 때 치는 금줄에 소나무 가지를 꿰었다. 중심부가 누렇고 재질이 단단한 소나무를 황장목이라고 하는데, 황장목의 심재부는 왕실의 신관을 만드는 용도로 쓰였다. 나무 자체가 가지고 있는 고귀

그림 3-4. 소나무림이 제공하는 다양한 혜택 예시

(a) 경주의 소나무림

(b) 소나무림을 찾은 탐방객

(c) 문화재 건축용 대경목 소나무

(d) 송이 생산

사진: (a) 권오영, (b)(c) 산림청, (d) 국립산림과학원

함 때문에 관상용이나 정자목, 신목, 당산목으로도 많이 심었다. 그래서인지 사적과 사찰이나 전설·민담 속에 역사와 문화적 가치가 높은 소나무림도 많이 있다. 지금도 휴양, 관광(경관), 교육적 가치가 높은 소나무림이 많이 있으며 마을숲, 학교숲, 조경숲, 해안방풍림 등 생활 주변에서 좋은 소나무림을 만날 수 있다.

송이와 소나무의 공생

소나무의 경제적 가치에서 빼놓을 수 없는 것이 바로 송이이다. 송이는 소나무류의 뿌리에 외생균근ectomycorrhizae을 만드는 송이과Tricholomataceae 버섯으로 소나무의 양분을 전적으로 이용하며 자라난다.

송이는 20~30년생 소나무림에서 시작하여 30~40년생에서 최대로 생산되고 50년생 이후에는 생산량이 줄어드는 것으로 알려져 있다.[5] 유기물이 거의 없는 메마른 사양토와 사질양토를 좋아하는데 이러한 토양은 일반적으로 산의 정상이나 산등성이에 주로 분포한다. 산봉우리에서 산허리 쪽으로 내려오면 경사지의 아래쪽은 토층이 발달하며 토양이 비옥해지는데, 이런 곳은 식물이 자라기에는 적합하지만 송이가 자라기에는 적합하지 않다. 그래서 송이는 산 중턱 이상의 소나무림에서 주로 자란다.

송이가 척박한 곳에서 자라는 것은 소나무와 송이의 공생관계 때문이다. 송이는 소나무와 땅속에서 균근공생을 맺고서 연중 균사 생장을 계속한다. 지중온도가 19℃ 이하로 떨어지는 9월과 10월에 버섯 원기가 형성되면서 발생한다. 척박한 곳에서 자라는 소나무는 겨울철에 탄수화물을 뿌리에 저장하여 송이균환이 이용할 수 있지만, 비옥한 곳에서는 탄수화물을 수관에 두고 월동하기 때문에 송이균환에게 돌아갈 양분이 없다.[6]

독특한 입지조건을 요구하는 송이는 소나무림에서만 생산할 수 있는 고부가가치 임산물이자 산불의 피해를 보는 주요 임산물이다. 송이 산지는 소나무림의 환경 악화, 병해충 피해, 소나무림의 산불 피해 등에 의해 점차 줄어들고 있다. 특히 산불 피해는 송이 산지의 급격한 소멸을 초래한다. 산불피해지에서는 송이균환이 1~2년 안에 소멸한다. 또한 산불로 소나무림이 소실된 지역에서도 송이버섯이 자랄 수 없다.

산불이 난 후 송이가 다시 발생하는 시기는 피해 정도에 따라 다르다. 지표화 피해를 본 송이산은 소나무가 살아있으면 산불 후 5년이 지나면 송이가 재발생하고, 10년 후 정상 수확이 가능하다. 따라서 송이 생산지가 지표화 피해를 입은 경우에는 벌채하지 않고 소나무림이 유지되도록 관리하는 것이 필요하다. 그런데 전소된 경우는 다르다. 1996년 산불로 송이산이 전소된 고성 지역에서 지역 주민의 요구에 따라 1997년과 1998년에 소나무를 심은 뒤 현재 25년 이상이 되었지만 송이가 자라지 않고 있다. 일반적으로 산불이 난 지역에서 송이가 다시 자라기까지 30년이 걸린다고 하지만 아직 과학적으로 증명된 바는 없다.

활엽수림에 밀리고 기후변화에 치이는

소나무는 오랜 기간 황폐했던 한반도 산지에 자리잡아 생태계를 회복하고 유지하는 역할을 수행해왔다. 하지만 우리나라 산림의 토양이 비옥해지면서 참나무류와의 생존 경쟁에 밀려 점차 분포 면적이 줄어드는 변화를 겪고 있다. 소나무림이 집중 분포된 강원·경북 지역의 산림생태계를 살펴보면 자연적 변화가 진행되고 있음을 알 수 있다. 제3차 국가산림자원조사(1986~1988)와 제7차 조사(2016~2020)를 비교한 결과에 따르면 강원·경북의 소나무림은 지난 30여 년 동안 작은나무(소경목) 비율이 급격히 감소한 것으로 나타났다. 작은나무가 줄어들었다는 것은 임분의 미래 지속가능성이 점차 줄어들고 있다는 것을 반영한다. 소나무 그루수(본수)가 줄어든 만큼 참나무류가 증가했다. 이처럼 소나무림이 집중 분포된 강원·경북 지역도 산림생태계의 자연적 변화 과정을 겪고 있다.

그림 3-5.
강원·경북 소나무의 흉고직경별 분포 변화

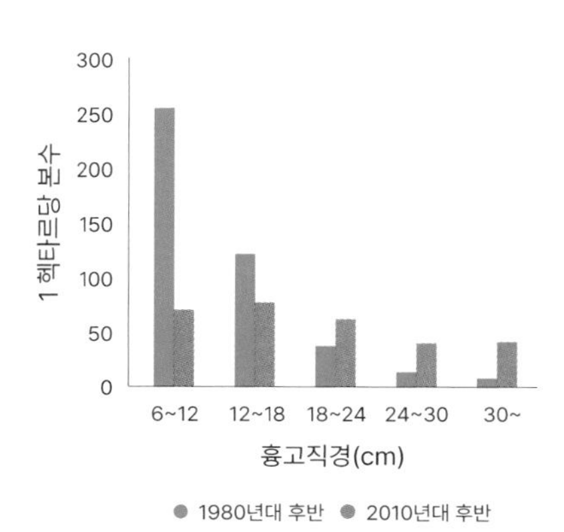

그림 3-6.
강원·경북 소나무, 참나무류 변화

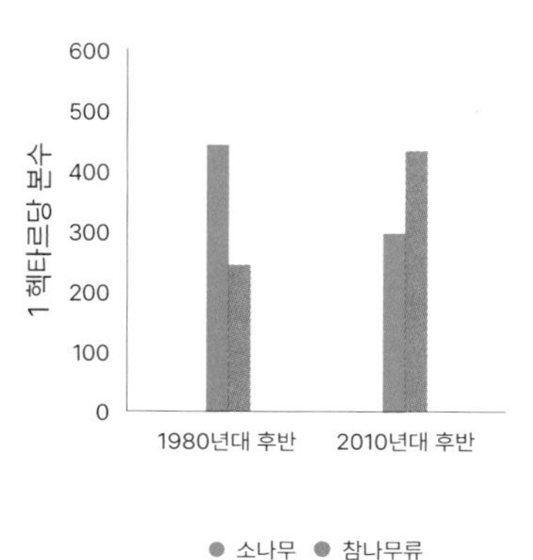

기후변화에 따른 고온과 가뭄도 소나무림에 피해를 주는 요인으로 지목되고 있다. 소나무는 입지와 토양 특성상 건조한 곳에서 다른 나무보다 잘 자라는 내건성 수종임에도 불구하고, 2000년대 들어 건조한 기상과 관련되어 고사하는 사례가 발생하고 있다.[7] 2009년 거제, 밀양, 사천 등 남부지방을 중심으로 총 71개 시군구의 임야 8,416 헥타르에서 약 100만 본의 소나무가 고사했다. 2014년에는 울진 소광리 금강소나무 보호지역에서도 군집 형태의 소나무 고사현상이 나타났고, 그 후 울진·봉화 지역에서도 비슷한 고사현상이 지속적으로 관찰되고 있다. 2022년에는 양구, 화천, 인제 등 강원 북부 지역의 소나무림에 고사 피해가 나타났다. 소나무 고사는 일반적으로 같은 지역 내에서도 수분 조건이 더 불리한 위치인 능선부, 햇볕을 많이 받는 남사면, 바람의 노출이 심한 지역 등에서 주로 발생하고 있다. 고

그림 3-7. 전국 임상 분포 변화 전망

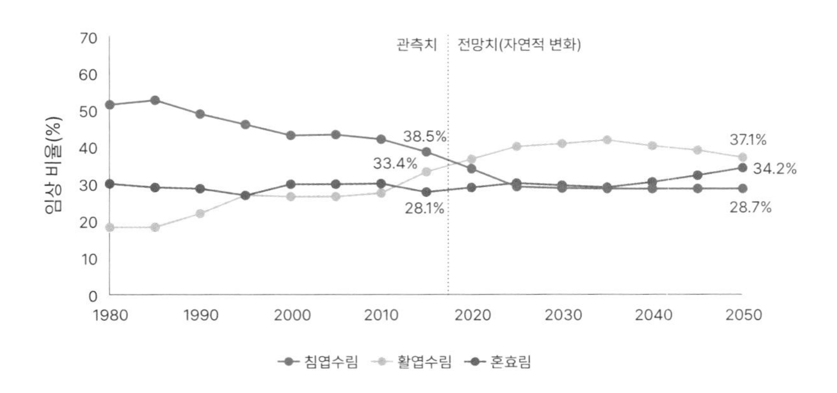

사가 발생한 소나무 임분은 상대적으로 숲의 나이가 많고 나무의 밀도가 높은 경향이 있다.

소나무와 참나무류의 수종 간 경쟁과 기후조건의 변화에 따라 소나무림을 포함한 침엽수림은 점점 감소하고 있다. 1980년에는 전국 산림의 51.6%를 차지하던 침엽수림이 2015년에는 38.5%까지 감소했다. 반면 참나무류를 포함한 활엽수림은 같은 기간에 18.2%에서 33.4%로 증가했다. 이러한 임상 변화 요인과 특성이 미래에도 지속된다고 가정하고 현재 임상에서 어떻게 변화할지 미래를 예측한 결과, 미래에도 침엽수림 감소 현상은 지속될 것으로 전망되었다. 온실가스를 현재 수준으로 배출하는 기후변화시나리오(RCP 8.5)를 적용하면 2050년에는 침엽수림이 28.7%까지 감소하는 것으로 예측되었다.[8]

기온이 상승하고 강수 변동성이 커지는 미래의 기후조건에서는 소나무가 자라기 적정한 환경이 감소할 것이라는 전망도 다수 발표되고 있다. 기후변화가 진행될수록 소나무의 직경생장(연륜생장)은 줄어드는 것으로 예측되고 있다. RCP 4.5의 경우 상대적으로 생장 감소가 적지만 극한 기후변화 시나리오인 RCP 8.5에서는 2050년 이후 연륜생장이 큰 폭으로 감소할 것으로 예상되었다.[9] 중부지방소나무의 경우 2030년에는 경기도, 충청남도, 전라남·북도, 경상남도 지역에서 소나무림이 쇠퇴하고, 2050년에는 강원도, 충청북도, 경상북도 등 나머지 지역의 소나무림도 해발고가 높은 지역에만 분포하며, 2090년에는 강원도 및 경상북도의 백두대간 일부 지역에만 잔존하는 것으로 예측되었다.[10] 미래의 기온상승으로 인한 소나무림 분포지역 감소는 임령에 따라 다르게 나타날 것으로 예상되었는데, 기온변화보다 강수량이 소나무림의 분포에 더 영향을 주는 것으로 전망되었다. 또한 소나무의 지리적인 분포 변화는 건조 시기 강수량과 최저기온과 같이 기후의 극한성에 영향을 더 받는 것으로 분석되었다.[11] 소나무가 자라기 적합한 지역이 RCP 4.5에 비해 RCP 8.5에서 더 빠르게 감소하며, RCP 8.5 기준으로 2050년과 2070년에 각각 11.1%, 18.7%의 잠재 분포지가 줄어들 것이라 전망한 연구결과도 있다.[12]

여러 연구들은 이용 자료와 연구 방법에 따라 지역별 추정치에 대한 차이가 있지만 소나무의 생육적지가 현재보다 감소할 것이라는 공통적인 결과를 제시하고 있다. 현재 소나무림이 분포하는 지역 중 미래 생육조건 부적지로 평가된 곳은 생육 스트레스를 받아 소나무림이 다양한 교란 요인의 피해를 볼 가능성이 높아질 것으로 추정된다.

2. 산불 발생과 소나무

산불 확산의 주범?

식물이 내뿜는 휘발성 화합물을 정유精油라고 한다. 정유는 다양한 성분으로 구성되어 있으며 주요 성분은 테르펜이다. 소나무림에서는 특유의 상쾌한 향이 나는데, 바로 피톤치드로 알려진 테르펜이다. 산림욕 효과로 알려진 피톤치드는 식물 스스로 주위 환경과 해충을 방어하기 위해 내뿜는 식물성 화학물질 phytochemical이다. 사람에게도 심신을 안정시키고 항균작용을 한다. 송진은 테르펜이 끈적하게 엉겨 붙은 것이다. 소나무의 정유는 잎에 특히 많아서 50여 종의 테르펜 성분이 함유되어 있으며 모두 휘발성이 강하고 분자량이 작은 편이다. 사실 소나무의 정유 함유량은 다른 침엽수에 비하면 낮은 수준이다.[13] 하지만 소나무가 우리나라 전역에서 흔한 나무이고, 활엽수보다 많은 정유를 보유하고 있기 때문에 산불에 취약한 대표적인 나무로 인식되고 있다.

소나무는 키가 크고 나무껍질이 두꺼워서 숲바닥의 풀과 낙엽이 타는 지표화 상황에서는 잘 견딘다. 하지만 잎과 줄기에서 내뿜는 테르펜 때문에 수관화에 대한 저항력은 낮다.[14] 그래서 활엽수보다 불이 잘 붙고, 불이 붙으면 1.4배 더 뜨겁게 타며 지속되는 시간도 2.4배나 길다.

수분을 함유한 소나무의 잎과 가지는 산불이 나고 4시간이 지나면 수분 함유량이 5% 수준으로 급격히 떨어지면서 불에 타기 쉬운 강한 인화성 건엽으로 바뀐다.[15] 그래서 지표를 태우던 불이 나무 윗부분까지 번지면 주변으로 확산될 위험성이 커진다. 수관화로 번진 불은 가지와 솔방울, 껍질 등으로 옮겨붙고, 상승기류와 강풍을 만나면 비화(불똥)가 되어 최대 2km 가까이 날아갈 수 있다.

이 같은 산불에 취약한 소나무의 특성과 분포 면적이 넓은 상황이 맞물려 산불이 발생하면 소나무림은 불에 오래 타고 대형 산불로 확산되기 쉬운 것이 현실이다. 그러나 모든 지역의 소나무가 동일하게 위험성이 높은 것은 아니다. 왜냐하면 산불은 기상 상황, 연소 물질, 발화 요인이 동시에 조건을 만족해야 발생하며, 산불이 확산되려면 지형적인 특성의 영향을 상당히 크게 받기 때문이다. 강원도 영동 지역의 대형 산불은 봄철 백두대간을 중심으로 기후 및 지형적 특성에 의해 발생하는 고온건조하고 강한 서풍인 양간지풍과 밀접한 관련이 있다. 강원도 영동 지역에 소나무림이 많이 분포해 있기도 하지만, 이와 맞물려 지형 특성에 따른 계절적·기후적인 조건 때문에 그동안 많은 산불(1996년 고성 산불, 2000년 동해안 산불, 2005년 양양 산불, 2022년 울진·삼척 산불 등)이 발생한 것이다.

따라서 소나무림이 산불의 주범이라는 단순한 관점보다는 지형과 기후 특성상 산불 발생과 확산 위험이 높은 지역에 있는 소나무림에 초점을 맞추고, 사람의 부주의에서 시작되는 산불 발생을 방지하는 노력에 집중하는 것이 문제를 명확하게 해결하는 방법일 것이다.

척박한 곳에 강한 소나무

동해안 지역은 조선시대에도 대형 산불이 많았던 곳이다. 임진왜란과 병자호란, 한국전쟁과 같은 전쟁으로 인한 산불은 물론 《조선왕조실록》 등에 의하면 음력 3~5월의 봄철에 주로 산불이 발생했다. 이 지역의 산불피해지를 다시 점유한 것도 소나무이다. 소나무는 척박한 곳에서도 잘 자란다. 솔 씨는 흙이 드러난 곳에 떨어지면 즉시 뿌리를 내리고 잎을 틔운다. 당장 흙이 없는 경우에는 뿌리내릴 수 있는 흙이 생기고 햇빛을 받을 수 있는 때까지 기다린다. 숲을 이루고 있던 나무들이 잘리거나 산불, 태풍 등에 의해 쓰러지면 그때를 놓치지 않고 일제히 싹을 틔우고 성장한다.[16]

일반적으로 산불피해지에서 가장 먼저 자리 잡는 것은 소나무와 참나무류이다. 수종마다 최적 생육조건은 다르지만 보통 소나무와 참나무가 치열한 경쟁을 벌인다. 이때 활엽수인 참나무류는 양지바른 곳에 자리 잡지만 소나무는 경사면의 척박한 곳에서도 잘 자라는 경향이 있다. 소나무림의 공간 분포 특성과 생육 적합 입지 환경조건을 분석한 결과, 전체 소나무림의 99%가 고도 640m 이하, 경사도 0~26° 사이에 분포하는 것으로 나타났다. 토성에 따른 소나무 분포는 양토에서 가장 높은 42.2%, 사양토 34.3%, 미사질양토 15.3%로 나타나 배수가 좋고 건조한 토양 조건에서 많이 분포하는 것으로 나타났다. 또한 유효토심은 얕은 지역에 전체 소나무림의 44.7%, 보통의 토심에 45.1%가 분포하는 것으로 나타났다.

설악산국립공원과 치악산국립공원의 소나무림과 참나무류림을 비교해보면, 소나무림은 참나무류림에 비하여 상대적으로 해발고가 낮고 경사도가 완만하며 기온이 높은 지역에 많았다. 내설악에서는 소나무가 다른 나무들과 치열한 경쟁을 하며 자라는 모습을 볼 수 있는데, 산의 사면부는 신갈나무가 우점하는 활엽수림이 자리 잡고 있어 소나무는 능선부로 쫓겨나서 자라고 있는 모습을 볼 수 있다. 용대리에 이르기 전 개울가에 형성된 소나무림은 물을 따라 흘러 내려온 호박돌, 자갈, 모래가 쌓인 곳으로 영양분이 거의 없고 물이 빠지면 건조한 상태가 이어지는 곳에 위치해 있다. 양분을 많이 요구하는 활엽수가 자라기 힘든 곳에서 소나무가 군락을 이루는 것은 척박하고 건조한 곳에 잘 견디는 특성이 있기 때문이다.[17] 늘 푸른 소나무가 곧은 절개와 굳센 기상의 상징인 것은 척박한 곳에서도 굴하지 않고 잘 자라는 이런 생장 특성과 무관하지 않을 것이다.

산불이 발생해 소나무림이 불타면 그 아래 더디게 자라고 있던 참나무류에서 싹이 터 자라올라 오는 경향이 크다. 참나무류의 자연재생능력은 매우 뛰어나 산불피해지에 조림한 경우에도 조림목을 지속적으로 관리하지 않으면 사면부 상당 부분에 참나무류가 우점하게 된다.[18] 그러나 산불피해지의 능선부나 서쪽 사면에는 조림목 사이로 소나무의 싹에서 묘목이 된 실생묘가 자라 소나무 성림을 이루며 점차 확대된다. 산불 발생 이후 대부분의 지역에서 소나무보다는 참나무류로 천연갱신되는 패턴을 보이나, 능선부나 암반지대 등 척박한 곳에서는 소나무가 생존하며, 때에 따라서는 임분을 형성하기도 한다.[19] 산불피해지를 자연복원하면 토양의 비옥도에 따라 복원되는 숲의 종류가 달라진다. 해안 지대의 척박한 곳은 소나무림으로, 내륙 쪽의 비옥한 곳은 참나무류로 바뀔 것이다. 참나무류는 사면에 따라 남사면은 굴참나무, 북사면은 신갈나무가 우점할 가능성이 높으며, 산불피해지 능선부나 서사면에는 자연적으로 발아한 소나무가 생장하여 다시 숲을 이룰 가능성이 높다.

대구 일대 도덕산, 산성산 및 팔공산에서 1977년부터 1986년까지 발생한 산불 피해지의 식생 변화를 조사한 결과, 소나무림과 임상 식생이 파괴된 후의 식생 변화는 억새 → 억새-참싸리 → 참싸리 → 참싸리-졸참나무 군락 순으로 변화하였고 이후는 졸참나무 군락으로 이차천이가 진행될 것으로 예상되었다.

산불피해지에 적합한 나무

산불 피해 위험이 높은 강원 영동·울진 7개 시군(고성, 속초, 양양, 강릉, 동해, 삼척, 울진)의 산림은 2020년 현재 교목성 수종인 소나무, 신갈나무, 굴참나무, 졸참나무, 곰솔 등이 큰 비중을 차지하고 있다.

그림 3-8. 강원 영동·울진 지역에서 자라는 주요 수종 현황

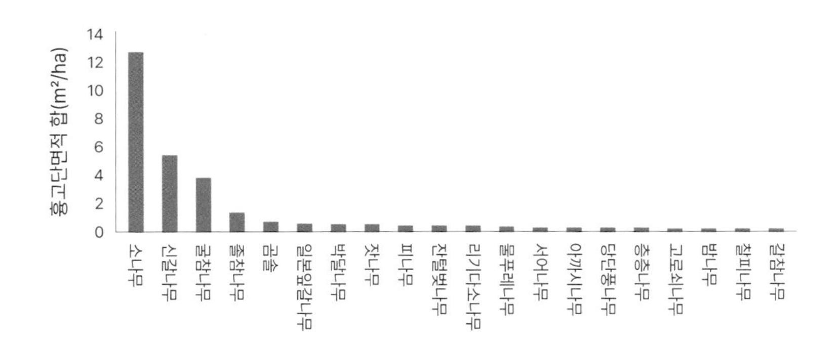

소나무, 신갈나무, 굴참나무가 일반적으로 선호하는 서식지 특성은 고도와 사면에 따라 나뉘는데 일부는 공간적으로 겹치기도 한다. 강원 영동, 경북 울진 지역 소나무림 분포지의 평균 해발고도는 317.6(±233.6)m, 신갈나무는 696.6(±260.6)m, 굴참나무는 519.9(±239.6)m로 전반적으로 소나무는 낮은 고도에, 신갈나무와 굴참나무는 높은 고도 지역에 분포하고 있다. 분포역은 해발고도 300~700m 사이에서 상당 부분 겹치는데 이 고도에서 소나무는 주로 남서사면, 신갈나무는 주로 북동사면을 중심으로 분포하는 경향을 보였다. 굴참나무는 해발고도나 사면향이 소나무와 신갈나무의 중간 정도의 특성을 보였다. 소나무와 참나무류가 겹치는 지역에서는 자원(빛, 수분 등)을 두고 수종 간 경쟁이 치열할 것이다. 따라서 전반적으로는 해발고도와 사면향에 따라 생육에 경쟁력 있는 지역이 나뉘는 특성을 고려하여 임분을 관리할 필요가 있다.

지역에 적합한 수종 정보를 제공하는 산림청의 맞춤형 조림지도(https://map.forest.go.kr/forest/)에 따르면 강원 영동과 경북 울진 지역 산지에서는 소나무, 굴참나무, 일본잎갈나무, 자작나무, 고로쇠나무 순으로 잘 자랄 수 있다.[20] 소나무는 대부분의 지역에서 생육이 적절한 것으로 평가되었고, 그다음으로는 굴참나무의 생육적정지역이 많았다. 이들은 향후 이 지역의 산림 회복을 위해 적극적으로 활용될 수 있는 수종이다.

소나무림과 산불 관리의 양립

산불 예방 및 복원과 관련해 소나무 관리에 관한 논쟁이 지속적으로 이슈가 되고 있다. 소나무는 휘발성 정유 물질을 많이 보유하고 있어 산불 발생과 확산에 취약하며 전국적으로 분포한 탓에 산불 예방과 저감 조치의 핵심 대상이 되고 있다. 그러나 소나무는 역사적으로 오랫동안 국가 정책과 국민들의 생활 속에서 밀접하게 활용되어 왔으며 국민들이 지속적으로 가장 선호하는 나무로 꼽는 중요 수종이다. 따라서 이와 같은 중요한 가치를 보전하는 가운데 산불을 어떻게 관리하느냐가 관건이다.

산불피해지 복원에서도 소나무 재조림에 대한 의견 차이가 있다. 소나무는 산불 발생 위험이 있으므로 다시 심는 것이 바람직하지 않으며, 소나무림 산불피해지를 자연복원하면 토양이 비옥한 지역에는 참나무류가 정착하므로 소나무를 재조림하는 것은 산림생태계 변화 방향에 역행한다는 주장이 있다. 그러나 반대로 입지와 토양 환경이 소나무 생장에 적합한 산불피해지역이 많고 산림을 신속하게 복원하려면 소나무 식재가 절대적으로 필요하다는 주장도 있다. 또한 송이 생산, 우량목재 생산, 휴양·관광 수요 등 사회·경제적 활동 수요가 있는 지역은 산불 위험성이 높다 하더라도 소나무림 재조림과 지속적 육성이 필요하다는 의견도 있다.

우리는 산불 피해도 줄이고 가치 있는 소나무림을 계속 유지하는 두 마리 토끼를 잡아야 하는 상황에 놓여 있다. 따라서 소나무의 생육 환경과 특성, 국민 인식 등을 고려하여 소나무림의 가치를 유지 및 증진하는 가운데 산불 취약성에 대한 저감 조치를 양립할 수 있는 방법이 마련되어야 한다. 이를 위해 몇 가지 방향을 제시하고자 한다.

첫째, 소나무림 육성·보호지역에 대한 산불 방지대책을 강화해야 한다. 소나무림으로 유지·관리되어야 하는 소나무 우량 목재 생산 지역, 송이 등 고부가가치 임산물 생산 지역, 사적과 사찰 등 역사·문화적 가치와 휴양, 관광(경관), 교육적 가치가 높은 소나무림, 마을숲, 해안방풍림 등 생활 주변 중요 소나무림 등에 대한 특별 산불 예방 관리가 필요하다.

둘째, 산불 피해 위험지역 인근 소나무림에 연료를 관리하고 내화수림대를 조성해야 한다. 산불 발생 위험이 높은 지역의 민가, 도로와 철도, 발전소, 군부대, 문화재 등 주요 시설물 주변 지역에는 산불 위험 저감 산림관리가 필요하다. 또한 숲가꾸기로 소나무림의 밀도를 낮추고 줄기에 붙어 있는 죽은 가지가 형성하는 사다리 연료를 제거하는 등 연료 관리를 수행하거나 산불에 강한 나무로 구성된 숲인 내화수림을 조성하여 산불 위험을 낮춰야 한다. 키작은나무를 제거해 지표화 강도를 낮추고 가지치기를 하면 지표화에서 수관화로 확산되는 것을 막을 수 있다. 솎아베기를 하면 수관화가 인근 지역으로 확산되는 것을 막을 수 있으며 수관화에 취약한 침엽수림을 활엽수림으로 바꾸는 것도 산불 피해를 줄이기 위한 숲 관리방법이 될 수 있다.

셋째, 산불피해지를 복원할 때는 사회·경제·생태적 측면을 고려해 수종을 선정해야 한다. 이해관계자들이 참여한 사회적 논의 과정을 통해 해당 산림에 기대되는 다양한 혜택, 지역별 적정 생육 수종에 대한 과학적 정보, 지역별 위험요인 평가 정보 등을 고려해야 한다. 산불 위험보다 소나무림 조성 목적과 혜택이 더 크고 중요한 지역에서는 소나무를 다시 심어 목표 기능이 발휘되도록 하되 추가 산불 피해가 발생하지 않도록 철저한 사전 예방 장치를 마련해야 한다. 목재와 송이를 생산하는 등 소나무를 육성해야 하는 지역, 역사·문화·생태적으로 소나무림을 보전하고 유지해야 하는 지역, 지형과 토양이 척박하여 다른 수종이 잘 자라지 못하는 지역과 훼손지를 빠르게 복원해야 하는 지역 등이 이에 해당된다. 기후와 지형 특성상 산불이 계속 발생할 가능성이 높고, 주변 시설에 피해를 줄 위험성이 높으며, 소나무림 식재 혜택이 적은 지역은 다른 수종으로 복원하는 방법을 강구해야 한다.

산불 예방과 관리, 복원의 목적은 국민의 생명과 재산을 지키는 동시에 산림이 주는 다양한 생태계서비스를 지속적으로 유지하고 증진하기 위함이다. 따라서 소나무림이 제공하는 생태계서비스를 면밀히 평가하고 산불 관리 정책과 긴밀하게 결합하는 것이 중요하다.

우리나라의 산불 정책은 몇 차례 대형 산불을 겪으며 조직과 법·제도가 달라졌으며 기술 도입 등을 통해 지금의 모습으로 발전하게 되었다. 산불을 재난으로 인식하면서 별도 조직을 만들었고, 2001년 이후 〈산림법〉에 산불의 예방 및 진화 등에 대한 항목을 신설하였다. 2009년에는 산불을 포함한 산림보호구역 관리, 산림병해충 등의 내용을 통합하여 〈산림보호법〉을 제정하였다. 기술 측면에서는 1990년대 후반부터 과학적인 산불 방지를 목표로 선진 기술을 벤치마킹하고 현장에서 수정·보완하면서 우리나라만의 독특한 기술을 발전시키게 되었다. 그러나 산림녹화에 성공하고 산림 내 가연물질과 산림 휴양·여가 활동이 증가하면서 산불 예방 중심의 정책은 지속적인 효과를 거두지 못하고 있다. 따라서 산불 발생 시 피해를 최소화하는 대응 및 진화 정책과 함께 제도와 기술을 동시에 발전시켜 나아가야 한다.

2장.
산불과 산림정책

글.
장미나(한국산불방지기술협회 산불연구실 실장)

1. 산불 정책의 흐름

정책의 시작

우리나라 산림은 1950년 한국전쟁을 겪으며 초토화되었고 생계를 위한 도벌과 남벌, 화전이 급증하면서 빠르게 황폐해졌다. 정부는 1951년 〈산림보호임시조치법〉을 제정하여 산림 소유자가 산림을 자율적으로 보호하고 육성하도록하는 한편 산림조합과 마을 단위로 산림계를 조직했다. 또한 소유 산지에 대한 입산 통제, 산불 예방을 위한 정기 순찰을 하는 등 산불 방지에 노력을 기울였다. 1955년에는 전국에서 48만5천 헥타르에 이르는 보호림구◆를 1,038개소 설정하고 산림보호를 전담하는 직원을 배치해 마을 주민에게 산불 방지 계몽교육을 실시하며 산림피해 방지에 주력하였다. 산불 관련 범법자에 대해서는 1년 이하의 처벌제를 도입하기도 하였다. 또한 봄철(3~5월)과 가을철(10~12월)에 산불 조심 강조기간을 정하여 산불 감시, 교육, 화기물 단속, 방화선 설치, 감시소 설치 등 산불 방지 활동을 추진하였다.[21]

1961년에는 산림의 보호 육성과 산림자원 증진을 도모하고, 국토 보존과 국민경제 발전에 기여하기 위하여 〈산림법〉을 제정해 1962년부터 시행하였다. 〈산림법〉 제50조는 산불 예방과 방화, 실화에 관한 조항을 포함하고 있다.

〈산림법〉에 따라 산화 예방을 위해 자율적으로 산림보호 업무를 수행하는 산림계를 산림 소유자와 현지 주민으로 구성했으나, 이를 주도하는 정부의 조직과 제도가 없어 산불 발생과 피

◆
보호림구: 산림 황폐가 우려되는 지역이나 어린나무를 가꾸는 데 필요하다고 인정되는 경우, 행정단위 별로 보호림구를 지정할 수 있다(농촌진흥청, 2022).

〈산림법〉 제50조(산화 예방 등)

① 산림에서 분화하거나 허가를 받지 아니하고 산림 또는 산림에 근접한 토지에 입화하지 못한다.

② 입화의 허가를 받은 자가 입화하고자 할 때에는 대통령령의 정하는 바에 의하여 미리 산화를 예방하는 시설을 설비하고 근접한 산림의 소유자에게 통지하여야 한다.

③ 서울특별시장·부산시장 또는 도지사는 산화 예방상 필요하다고 인정할 때에는 산림소유자에 대하여 산화예방선의 시설을 명할 수 있다.

④ 산화가 발생하였을 때에는 산림을 단속하는 권한이 있는 공무원은 산림 소유자와 현지 주민에게 산화 소방을 위한 동원 기타 필요한 조치를 명할 수 있다.

해는 줄어들지 않았다. 1967년 정부는 산림청을 발족하여 황폐해진 산림을 복구하는 조림 정책을 강력하게 추진함과 동시에 보호 활동에도 노력을 기울였다. 1967년 산림청 개청 이후 산불을 산림보호 업무의 하나로 인식하고 산불 방지를 위한 조직과 제도, 기술을 정비하게 되었다.

먼저 1968년 '산화경방요령'을 다시 정비하여 산림청 예규로 개정하였으며, 지역 관서장의 산불책임제 등을 강화하고 국민의 산림애호의식을 고취하기 위한 계도 활동을 지속적으로 전개하였다.[22] 1969년에는 산림청장의 권한 일부를 시·도지사 또는 영림서장에게 위임할 수 있도록 예규를 제정하고 지역 관서장에게 산불에 대한 책임을 부여해 산불 예방 조치를 강화하도록 하였다.

1971년에는 '산림청 훈령' 제51호로 산림보호단속요강을 공포하고 산림보호책임제◆를 도입하여 행정조직 기능에 따라 산림보호 책임을 나누어 분담하는 정책을 시행하는 한편, 산림보호 직원을 대폭 증원하고 산불 감시원을 배치하여 산림피해를 예방하기 위한 활동을 강화하였다. 또한, 헬기를 3대 도입하여 임정국 보호과에 산림항공대◆◆를 창설하여 운영하였는데, 당시 산림항공대의 주 임무는 산림병해충 방제였다.

1973년에는 산불이 발생하거나 도·남벌이 예상되는 산불 취약지에 입산을 강력하게 통제하는 제도를 시행하였고, 1975년에는 '화전정리 5개년 계획'을 수립하여 화전을 강력하게 정리함으로써 산불 등으로 인한 국토 황폐화를 방지하고자 하였다. 1970년대에 들어서면서 산림보호 장비를 대폭 확충하는 등 산불 관련 기술에도 발전을 이루었다. 산불을 감시하기 위해 무전기와 망원경, 이륜차 등의 장비를 갖췄고, 지상 진화 장비로 불갈퀴, 불털이개, 도끼 겸 곡괭이 등 4종을 도입해 보급하였다. 또한 감시탑과 감시초소 시설을 읍 단위에 1개소 이상 설치하였다.

이런 노력에도 우리나라의 산악 지형에서는 지상 진화의 한계가 있어 공중 진화의 필요성이 인식되었고 1981년 처음으로 헬기를 활용하게 되었다. 이를 계기로 1993년 산림항공관리소는 러시아에서 산불 진화용 헬기 KA-32를 도입해 헬기에 의한 공중 진화를 본격화하였다.

◆
산림보호를 위한 책임 구역을 정해 구역 담당자에게 산림 내 피해를 예방하고 단속하도록 하여 산불 피해 발생 시 규모 및 처리 상황에 따라 구역 담당자는 물론 감독자까지 책임을 지도록 하는 제도.

◆◆
1991년 산림항공관리소로 개편.

1996년 고성 산불

고성 산불은 1996년 강원도 고성군 죽왕면 마좌리 산 33번지 군부대에서 폭발물을 폐기 처리하는 과정에서 발생했다. 초기 진화에 실패하면서 강풍을 타고 산불이 퍼지며 3일간 지속되었다.[23] 고성 산불 하루 전, 동두천에서 발생한 산불로 진화 작업을 하던 공무원과 공익근무요원이 집단사망하는 사고가 일어나 위험 인식이 높아져 인력 진화에 어려움을 겪었다. 또한 산림청에 헬기를 요청했지만 당시 산불이 전국에서 발생하던 터라 지원할 수 있는 헬기가 부족하였다. 시간이 지난 후 헬기를 지원했지만 강풍 때문에 정상 운항하지 못하면서 산불이 대형화되었다.

정부는 고성 산불 진화 과정에서 산불 관련 정책에 많은 개선과제가 있다는 것을 인식하고 체계적인 산불 관리를 위한 새로운 정책 수립의 필요성을 다시 한번 깨닫게 되었다.

이러한 문제점을 개선하기 위해 산림청은 국가 재난방지 차원의 산불 방지 종합대책을 수립하고 예방 활동을 강화하였다. 산불 방지 조직 개편, 산불 전문 진화대 조직·운영, 진화 장비 확충 및 산불 진화를 위한 기반시설 등도 구축하였다. 또한, 산림청과 지방자치단체 간의 산불 진화 지휘체계를 강화하기 위해 산불통제관을 신설하고, 임업연수원에 산불 방지 훈련과도 신설하였다. 특히 진화대는 공중진화대, 지상진화대, 보조진화대로

표 3-2. 고성 산불을 통해 본 산불 예방 및 진화 체계의 문제점(고성군, 1997)

구분	주요 문제점
예방	◦ 지방자치제도 도입에 따른 민선 자치단체장의 산불 방지 관심 저하로 인한 예산 부족 ◦ 산불 담당 공무원 인력 부족 ◦ 산불 감시 시설 부족 및 노후화 ◦ 산불에 대한 국민의 경각심 부족
진화	◦ 전문 산불 진화 조직이 부재해 공무원, 주민, 소방관, 군인 등 비전문적인 인력 동원 ◦ 시군에서 중앙조직까지 통합된 지휘체계 미비 ◦ 진화 장비 및 장비 활용기술, 운영기반 시설 등의 부족

구분하여 산불 진화의 전문화를 도모하였다. 이외에도 산림청 훈령으로 '산불 관리 통합 규정'을 제정하여 산불 방지 업무 추진 체계를 정비하였다. 산불을 감시하기 위해 오토바이와 감시탑, 감시초소에 의존하던 기존 방식에서 무인감시 카메라를 도입하여 산불을 감시하는 기술의 발전도 도모하였다.

2000년 동해안 산불

1997년 외환위기로 경제 상황이 악화되자 정부 조직을 통폐합하는 과정에서 인원도 감축하게 되었다. 이는 산림청 조직과 인력의 축소로 이어졌고, 산불 방지 조직에서도 1999년 산불통제관이 폐지되고 임업정책국 산하의 산불방지과로 축소되면서 인원이 감축되는 결과로 이어지게 되었다. 이후 2000년 동해안 지역에 대형 산불이 발생하면서 산불에 대한 정부와 국민의 관심이 다시 높아지게 되었다.

동해안 산불은 4월 강원도 고성군에서 시작해 속초, 강릉, 동해, 삼척 지역을 거쳐 경상북도 울진까지 동시다발적으로 발생하여 9일간 지속되며 23,794 헥타르의 산림에 피해를 줬다. 1996년 고성 산불의 산림피해 면적 3,762 헥타르와 비교하여 피해 규모가 매우 큰 것으로 보고되었다.

표 3-3. 동해안 산불 당시 산불 예방 및 진화 체계의 문제점(산림청, 2001)

구분	주요 문제점
예방	◦ 집중 운영을 위한 산불 조심기간 설정시 과학적 논리 부족 ◦ 홍보 정책 문제 - 홍보 예산의 부족과 효과의 지체성 간과 - 홍보의 단절성 및 분산성에 따른 효과 미흡 ◦ 산불 발생 통제 및 단속정책내 현실적 요구 미반영 ◦ 조직 및 인력축소
진화	◦ 초동 진화를 위한 인적기반 및 기동력 부족 ◦ 효율적인 진화를 위한 단계별 지휘·협조체계 미흡 ◦ 첨단기술을 활용한 산불 확산 경로 예측, 모니터링 등 통합적인 산불 관리 시스템 부재

산불 정책의 발전

조직

산불 관리 정책이 현장에서 자리 잡으려면 정책을 수립하고 이행하는 조직이 마련되어 있어야 한다. 산불을 국민의 삶과 밀접한 연관이 있는 사회적 재난으로 인식하면서 국가 차원에서 조직체계를 마련하여 산불 예방과 대응, 진화를 총괄하게 되었다. 현재 산불 관련 조직은 산림청의 중앙 산불 관리 조직과 지방 산불 관리 조직인 지방자치단체, 강원도산불방지센터가 있으며 유관기관 및 민간기관이 있다.

〈산림보호법〉에 따라 정부 각 부처와 군대, 공공기관이 산불 예방과 대응·진화 유관기관으로 지정되었으며 비영리 특수법인인 한국산불방지기술협회가 산불 방지 교육과 훈련, 산불 방지에 관한 연구·조사, 행정기관이 위탁하는 업무를 수행하는 민간기관으로 설립되었다.

그림 3-9. 산불 관리 조직

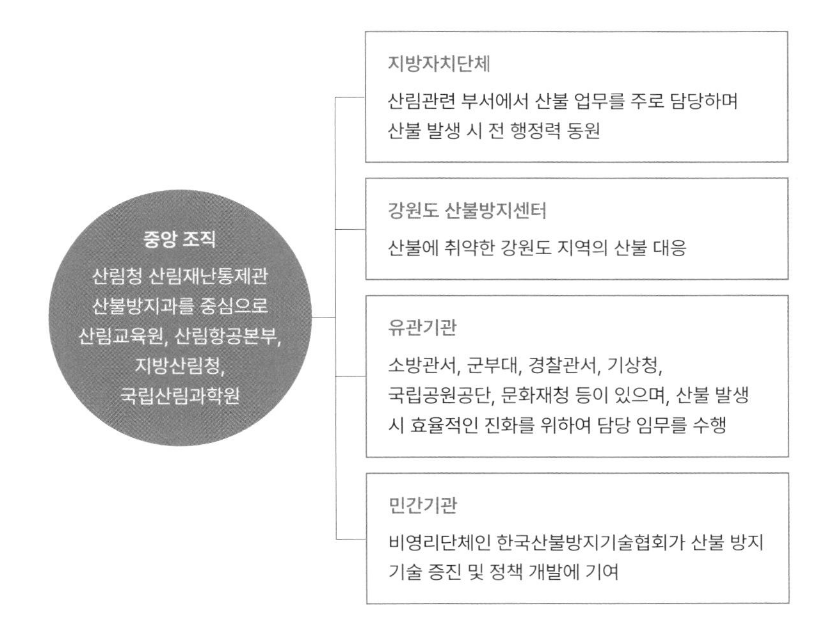

표 3-4. 〈산림보호법〉에서 정한 산불 유관기관 및 민간기관

구분	주요 내용
〈산림보호법〉 시행령 제2조 제1항	1. 〈정부조직법〉 제26조 제1항 각 호의 중앙행정기관 (기획재정부, 교육부, 과학기술정보통신부, 외교부, 통일부, 법무부, 국방부, 행정안전부, 국가보훈부, 문화체육관광부, 농림축산식품부, 산업통상자원부, 보건복지부, 환경부, 고용노동부, 여성가족부, 국토교통부, 해양수산부, 중소벤처기업부) 2. 대검찰청, 경찰청, 소방방재청, 문화재청, 기상청, 농촌진흥청 및 해양경찰청 3. 육군본부, 해군본부 및 공군본부 4. 국립공원공단, 한국전력공사, 한국도로공사 및 한국철도공사
〈산림보호법〉 시행령 제35조 제2항	1. 산불 방지에 관한 교육·훈련, 산불 방지에 관한 연구·조사, 행정기관이 위탁하는 업무의 수행을 위하여 한국산불방지기술협회를 설립한다. 2. 협회는 법인으로 한다. 3. 협회에 관하여 이 법에 규정된 것을 제외하고는 〈민법〉 중 사단법인에 관한 규정을 준용한다.

법·제도

지금까지 산불 관련 다양한 법이 제정되고 개정되면서 현재의 법과 제도로 자리 잡게 되었다. 현재 산불 관련 중심 법령인 〈산림보호법〉은 효과적인 운영을 위해 시행령(대통령령)과 시행규칙을 하위에 두고 있다. 〈산림보호법〉에서 산불과 관련된 '제4장 산불의 방지 및 복구'는 제1절 산불 방지 장기대책의 수립 등, 제2절 산불의 예방과 진화, 제3절 산불피해지의 복구 등으로 구분되어 있고 각 절에 해당하는 조문으로 구성되어 있다.

〈산림보호법〉은 2009년 제정된 이래로 여러 차례에 걸쳐

개정되었으며, 특히 산불에 관련된 내용은 지금까지 5차례 개정되었다. 1차부터 5차까지 개정된 내용은 산불 방지 교육, 산불 진화 협조(장비 점검 포함), 산불 재난 국가 위기경보 발령 일원화, 산불 재난특수진화대 구성·운영 근거, 지방자치단체 산불 진화 장비 도입 시 지원 등이다. 개정된 내용의 흐름을 살펴보면 산불을 점차 사회적 재난 등으로 인식하면서 피해를 최소화하기 위한 현장 진화의 중요성이 강조되고 있다는 것을 알 수 있다.

〈산림보호법〉과 시행령·시행규칙의 효과적인 운영을 위해 '산불 관리 통합규정', '산불 진화 기관의 임무와 역할에 관한 규정', '산불 감시원 운영규정', '산림항공기 지원지침', '산림항공기 사고대책본부 구성 및 운영 등에 관한 규정', '산불 방지 위반사항 신고 포상금 지급에 관한 규정', '중앙산불방지대책본부 구성 및 운영에 관한 규정'과 같은 다양한 행정규칙이 존재한다. 이러한 규정들은 '훈령·예규 등의 발령 및 관리에 관한 규정'에 따라 3년의 범위에서 타당성을 검토하여 개선 등의 조치를 하도록 정하고 있다.

산불 관리에서 중요한 장비인 헬기에 대한 행정 규칙은 산림항공본부 훈령이 있다. 이중 산불과 관련된 훈령(행정 규칙)은 '산림항공본부 위임전결규정', '산림항공본부 공중진화대 운영규정', '산림항공본부 민·관 헬기 항공유 급유 지원규정', '산림항공본부 사무분장에 관한 규정', '산림항공 운항규정', '산림항공본부 정비규정', '산림항공본부 관제·통신 운영규정', '산림항공 안전규정'이 있다.

산불에 관한 법령과 행정규칙 외에도 참고하여야 할 다른 분야의 법으로는 〈정부조직법〉, 〈재난 및 안전관리 기본법〉, 〈청원산림보호직원 배치에 관한 법률〉, 〈자연공원법〉, 〈청소년활동 진흥법〉, 〈산림문화·휴양에 관한 법률 시행령〉, 〈산림조합법〉, 〈국가공무원법〉, 〈지방공무원법〉, 〈위치정보의 보호 및 이용 등에 관한 법률〉, 〈중앙사고수습본부의 구성 및 운영에 관한 규정〉, 〈항공안전법〉, 〈주세법〉, 〈마약류 관리에 관한 법률〉, 〈화학물질관리법〉, 〈항공·철도 사고조사에 관한 법률〉, 〈공공기관의 정보공개에 관한 법률>이 있다.

기술

과거 우리나라는 산불을 진화하는 전문 인력이 없어 산불이 발생하면 마을 주민이 직접 농기구를 이용해 진화 작업에 참여하였다. 그러다 산림청이 개청하면서 국외에서 사용하는 불갈퀴, 불털이개 등과 같은 진화 장비를 도입했고, 대형 산불을 겪으며 발전을 거듭하여 현재의 인력과 장비를 활용한 기술이 자리를 잡게 되었다.

우리나라의 산불 방지 기술은 2000년대에 들어 눈에 띄게 발전하였다. 2000년대에 들어서면서 무인감시카메라를 도입하였으며 최근에는 산불 감시원, 조망형·밀착형 무인감시카메라와 같은 인력과 장비(기술)를 병행해 산불을 감시하고 있다. 또한 산불 상황관제시스템과 연동된 GPS가 부착된 산불 신고 단말기를 산불 감시원에게 보급하여 문자와 음성으로 업무를 지시하고 산불 신고 시 위치정보를 신속하게 제공할 수 있도록 하고 있다. 최근 산림청에서는 드론, 로봇, 인공지능 등 첨단기술을 산림 분야에 녹여낸 다양한 정책을 추진하고 있다. 지능형CCTV, 드론을 이용한 야간 산불 대응, 웨어러블 로봇 및 스마트 헬멧, ICT 산불 예방 및 대응 플랫폼 등을 개발하여 산불을 더욱 면밀하게 예방하고 신속·정확하게 대응하는 체계를 마련하고자 노력하고 있다. 이는 현대화된 장비를 도입하는 한편, 우리나라의 현장 실정에 적합한 장비로 수정·보완한 결과이자 다양한 정보통신기술(ICT)이 산불 분야에 접목된 결과라고 볼 수 있다.

산불 대응·진화에 있어서도 산불이 나면 빠르게 신고할 수 있도록 통합 신고체계를 구축하여 운영하고 있으며, 산림청 중앙산불재난상황실 산불상황관제시스템을 통해 산불 발생 상황과 위치정보를 제공하고 있다. 산불 신고는 소방청 119 안전신고센터, 산림청 및 지방자치단체, 산림청 무인감시카메라, 산불 감시원의 산불 신고단말기, 스마트 산림재해애플리케이션 등을 이용하여 접수되며 산불을 확인한 후 최종 산불상황관제시스템으로 정보를 제공하고 있다. 산림청 중앙산불재난상황실에서는 산불상황관제시스템을 통해 산불 위험 예보, 산불 발생 영상, 산불 확산 예측, 진화 자원 투입 현황 등의 정보를 실시간으로 확인하고 있다. 지방자치단체 등 지역의 산불 관리기관은 지상에서 인력을 투입하고 다목적 산불 진화차 기반의 기계화 진화 시스템을 운영하며 필요시 산림청 진화 헬기 요청 또는 임차 헬기를 활용하여 현장에서 산불 대응 및 진화 임무를 수행하고 있다.

2. 산불 예방 정책 추진전략

산불 방지대책

효율적이고 체계적인 산불 방지를 위해서는 산불 관련 여건과 역량을 반영한 전략적이고 종합적인 산불 방지대책이 필요하다. 산림청은 산불 방지대책을 수립하여 장기적인 하나의 비전과 목표 아래 세부적인 과제를 추진하고 있다. 이는 중앙과 지방정부가 공동의 목표로 산불 방지 정책을 수행할 수 있도록 지침서와 같은 역할을 하고 있다.

산불 방지대책은 장기와 단기로 구분되는데 장기 대책은 5년, 단기 대책은 매년 전국 및 지방 단위로 산림청장, 시·도지사 또는 지방산림청장이 수립해 강력하게 시행하도록 하고 있다. 〈산림보호법〉에서 정한 산불 방지대책의 주요 내용은 다음과 같다.

① 목표 및 추진 방향
② 산불 방지 인력·시설·장비 등의 확충에 관한 사항
③ 산불 방지 관련 법령의 정비 등 제도 개선에 관한 사항
④ 산불 방지 유관기관 협력, 민간단체 참여에 관한 사항
⑤ 산불 장비 교육 훈련, 홍보, 연구에 관한 사항
⑥ 산불피해지의 복구 복원에 관한 사항
⑦ 산불 방지 국제협력에 관한 사항

제도적 전략

산불 발생 요인을 차단하기 위한 정책 수립 및 제도 마련, 홍보 활동 등이 활발하게 이루어지고 있다.

산불 위험예보제

산불 경보를 발령하는 기준으로 시군구 별로 지형조건, 산림상황과 기상조건 등을 종합적으로 고려하여 실시간으로 산불 위험지수를 산정하고 이를 4단계(낮음, 보통, 높음, 매우 높음)로 구분하여 일반 국민과 산불 관리자 등에게 제공하고 있다.

산불조심기간 운영

산림청장 또는 지방자치단체장이 계절별로 산불 위험지수가 높아 산불 발생위험이 큰 기간을 설정하고 있으며, 이 기간에 산불 방지에 관한 특별한 대책이 필요하면 산불특별대책기간으로 정하고 있다. 산불조심기간 또는 산불특별대책기간을 설정하거나 변경·해제하는 경우 공식적으로 알려야 한다. 산불 통계를 기초로 대형 산불이 많이 발생하는 3월 중순부터 4월 중순까지 설정하고 있고 최근 기상여건이 변화함에 따라 기간이 늘어나는 추세이다. 현재 산불조심기간은 봄철(2월 1일~5월 15일)과 가을철(11월 1일~12월 15일)로 설정하고 있으며, 기상 상태와 지역 여건을 고려하여 기간을 조정하고 있다.

입산통제구역 및 등산로 폐쇄구간 운영

지역 산불 관리기관인 지방자치단체장이나 산림청 소속기관장은 전체 산림의 30% 안팎을 입산통제구역으로 지정할 수 있으며, 등산로 통제는 관할 등산로 중 50%까지 지정할 수 있다. 현재 입산통제구역은 전체 산림 633만4천 헥타르의 24%에 해당하는 149만 헥타르이며, 등산로 폐쇄구간은 전체 등산로 36,539km의 18%에 해당하는 6,623km가 지정되어 관리되고 있다. 산불을 예방하기 위한 입산통제구역 지정 기준은 다음과 같다.

① 최근 10년간 2회 이상 산불이 발생한 산림
② 최근 10년 이내에 10 헥타르 이상 산불이 발생한 산림
③ 그 밖에 지역 산불 관리기관의 장이 산불 위험이 높다고 판단되는 산림

산불 방지 안전공간 조성

산불이 확산되면 산림이나 인접지역의 주택, 문화재, 자연휴양림 등의 시설물에 피해를 줄 수 있다. 산림청은 이를 예방하

표 3-5. 산불 방지 안전공간 조성사업 추진방법(산림청, 2022)

대상지	작업 종류	작업 요령
산림과 인접한 문화재·전통사찰, 자연휴양림, 주택 등	솎아베기, 낙엽 및 하층목 수집 및 제거, 관목류 식재	산림 인접 시설물 주변 산불 방지 및 안전공간 조성사업 지침 적용

고자 산불 위험 등 우선순위를 감안해 숲가꾸기를 시행하여 안전공간을 조성하고 있다.

소각 금지 및 인화물질 사전 제거

지역별로 소각 산불 발생 패턴을 고려하여 2월부터 소각 금지기간을 탄력적으로 설정하여 단속하고 있다. 소각 금지기간이거나 산불 경보가 경계 이상 발령된 경우에는 산림이나 산림 100m 이내 인접지역에서 소각 행위를 일절 금지하고 있다. 또한 소각 금지기간이 시작되기 전까지 산림과 산림인접지의 논·밭두렁에서 인화물질을 제거하는 사업도 추진하고 있다. 산림청은 인화물질을 효율적으로 제거하기 위해 지방자치단체에 파쇄기 임차 비용을 지원하고 있다.

홍보 활동

산불의 주요 원인인 소각 행위와 입산자 실화 예방을 중심으로 홍보 활동을 추진하고 있다. 농·산촌 주민의 자발적 참여를 유도하는 '소각 산불 없는 녹색마을 캠페인'을 실시하여 우수마을을 선정하고 있으며 산불 예방에 관련된 공익광고, 신문방송, 캠페인, 사진전, 공모전 등을 통해 다양한 홍보 활동을 하고 있다.

기술적 전략

산불 발생 행위를 예측하고 사전에 단속함과 동시에 산불 발생 시 신속한 신고가 이루어지도록 여러 장비와 시스템을 운영하고 있다.

산불위험예보시스템

산불을 예방하기 위해서는 산불 발생 위험이 큰 지역을 예측하고 이를 예보하는 체계가 필요하다. 그래서 국립산림과학원에서는 2003년부터 웹 기반의 산불위험예보시스템을 개발하여 운영하고 있다. 산불위험예보시스템은 시군구별 산불 위험 정보를 국민과 산불 관리기관 등에 제공하고 있다. 이 시스템은 산불위험예보제와 연계된 산불위험지수, 산불취약지도, 대형산불위험예보, 소각산불징후예보, 산불확산위험예보 등으로 구성되어 있다.

산악기상관측시스템

산악은 평지보다 강수량은 약 2배, 풍속은 3배가 차이 난다. 그래서 산악 기상 정보는 산불 예측에 있어 매우 중요한 요인이다. 우리나라의 산악기상관측시스템은 M2M(LTE망)을 이용하여 국내 주요 산악지역에서 기상 차이를 실시간으로 관측해 국민과 유관기관에 알리는 역할을 하고 있다. 기상관측 표준에 따라 지면에서 2m와 10m 높이에서 기온, 습도, 풍향, 풍속과 기압, 강수량 등의 정보를 수집하고 있다.

국립산림과학원은 2012년부터 산악기상관측소를 연간 30개씩 설치하고 있다. 2021년 기준 총 414개의 산악기상관측소가 실시간으로 수집한 산악기상 정보와 축적된 데이터를 여러 분야에 활용하고 있다. 이 정보는 생활·안전 분야에서는 우리 동네 산림지역의 실시간 날씨 정보와 재해 위험정보 및 예측력을 높이는데 활용되며, 산림 분야에서는 산악지역 기후변화 감시와 산악구조 활동을 지원하고 기상·산업 분야에서는 기상 예측력을 높이는 한편 산업 수요 창출 등에 활용되고 있다.

무인감시카메라 및 지능형CCTV

산림청과 지방자치단체는 현장에 산불 감시원을 투입해 관할구역을 순찰하고 있으며, 무인감시카메라를 설치·운영하여 사람이 확인하기 어려운 곳의 산불을 감시하고 있다. 산 정상부에는 넓은 범위의 면적을 감시하기 위해 조망형 카메라를 설치해 운영하고 있다. 조망형 카메라의 감시 영역은 반경 10km로 1대당 3만 헥타르 정도를 감시하며 영상을 실시간으로 중앙산불재난상황실에 공유하고 있다. 밀착형 카메라는 조망형이 확인하기 어려운 사각지대를 감시한다. 산기슭과 산허리 부근의 무속행위 다발지, 방화 우려지, 입산통제구역 등에 설치해 운영하고 있다. 그럼에도 인력이 닿지 않는 곳과 무인감시카메라의 시야에서 벗어나는 곳을 감시하는 데에는 한계가 있다. 또한 무인감시카메라를 추가 설치하고 관리하는 데에는 비용과 시간 측면에서 비효율적인 부분이 있다. 그래서 산림청은 대형 산불 위험이 높은 강원도 동해안 지역을 중심으로 불꽃과 연기 등을 자동 감지하는 센서가 부착된 지능형CCTV를 도입하여 시범 운영하고 있다. 지능형CCTV는 광대역무선통신망LoRa을 이용해 상시

감시체계를 구축하고, 감지한 정보를 문자 메시지로 담당자에게 발송하고 있다. 또한 TV대역 가용주파수TVWS를 이용하기 때문에 산불로 이동통신기지국이 전소되어 산불을 감지하고 정보를 전달하기 어려운 상황에도 대비할 수 있다.

산림드론감시단

산불 감시 인력과 장비를 운용해도 넓은 면적의 산림 전반을 감시하는 데에는 한계가 있다. 그래서 산림청에서는 사각지대를 최소화하기 위해 전국 32개단 208명으로 구성된 산림드론감시단을 운영하고 있다. 이들은 77개 시군, 172개 읍면동에서 불법 소각, 산림 내 취사 및 흡연, 입산 통제구역 무단 입산 등을 감시·단속하고 있다.

3. 산불 대응·진화 정책 추진전략

통합 신고체계

산불 예방을 위한 노력에도 불구하고 인간의 삶에서 산불은 불가피하게 일어난다. 따라서 신속한 신고와 초기 진화로 피해를 최소화하는 것이 중요하다. 이를 위해 정부는 산불 상황 전반을 관리할 수 있는 중앙산불방지대책본부와 산불현장통합지휘본부를 설치하여 운영하고 있다. 이를 효과적으로 추진하기 위해 중앙산불방지대책본부에서는 중앙산불재난상황실을 운영하고 있다. 또한 산림청 중앙산불재난상황실 상황관제시스템을 설치하여 모든 산불 발생 상황과 위치정보를 실시간으로 제공하고 통합 관리하는 한편 각 부처가 공동대응할 수 있도록 정보를 공유하고 있다. 산불 신고가 접수되면 중앙에서는 관할 지역의 산불 감시원이나 산불 담당 공무원에게 현장 확인을 요청한다.

통합 신고체계 내 산불 신고는 다음과 같이 이루어진다.

① (산림청) 무인감시카메라를 통한 산불 발생 감지
② (산림청) 산불 감시원의 산불 신고 단말기를 통한 신고
③ (산림청) 스마트 산림재해애플리케이션을 통한 신고
④ (소방청) 소방청 119안전신고센터를 통한 신고

산불 대응 전략

산불이 난 것이 확인되면 산림청 중앙산불방지대책본부의 중앙산불재난상황실에서는 신속하게 대응 및 진화하기 위한 계획을 수립하고 다음과 같은 업무를 수행하고 있다.

① 전국 산불 상황 총괄·통제
② 산불 발생 신고 접수
③ 산불 정보 파악 및 시간대별 조치사항 기록
④ 산불 진화를 위한 산림항공기 운항
⑤ 산불 진행 상황을 수시 파악하여 보고
⑥ 유관기관 상황전파 및 산불 진화 자원 협조 요청

⑦ 상황실 근무일지 작성

⑧ 그 밖에 중앙산불방지대책본부 운영 및 산불 상황 관리를 위하여 필요한 사항

또한, 즉시 관할 지역 산불 관리기관에 알려 신속하게 현장에 출동해 통합지휘본부를 설치하여 산불 진화를 통합 지휘하도록 하고 있다. 다만, 초기에 진화하였거나 확산될 위험이 없는 소규모 산불로 판단되면 현장에 통합지휘본부를 설치하지 않는 경우도 있다.

산불 현장의 통합지휘본부에는 산불 상황을 파악하고 산불 재난 현장의 대응력을 강화하기 위해 지휘차가 배치된다. 지휘차에 설치된 모니터는 산불상황관제시스템, 산불확산예측시스템 등 중앙산불재난상황실과 동일한 시스템을 구현하고 있다.

산불 진화 전략

산불현장통합지휘본부에서는 산불을 빠르게 진화하기 위해 공중과 지상의 진화 자원(헬기, 지휘차, 진화차, 진화대 등)을 현장에 투입한다. 이때 산불 상황을 공유하고 진화 자원을 합리적으로 투입 및 배치할 수 있도록 산불확산예측 프로그램, 산불현장정보공유 프로그램 등의 산불 현장 지원 시스템을 활용하고 있다. 산불 진화 업무를 수행하는 과정에서 자체 진화 자원이 부족할 경우 중앙산불재난상황실에 산림청 보유 헬기와 진화 인력을 지원 요청하게 된다. 이를 위해 중앙산불재난상황실은 산불 조

심기간에 항상 산림청 헬기를 현장에 지원할 수 있도록 준비하고 있다.

공중 및 지상 진화

공중 진화 자원으로 헬기가 주로 활용된다. 산림항공본부에서 운용하는 산림청 헬기와 지방자치단체에서 운용하는 임차 헬기, 소방, 경찰, 군, 국립공원과 같은 유관기관에서 운용하는 헬기로 구분된다. 현재 산불 진화 헬기는 초대형, 대형, 중형, 소형으로 구분되는데 주력 헬기는 국외에서 도입한 KA-32(대형)와 S-64(초대형)가 있다. 최근 산림청은 한국항공우주산업KAI과 계약을 체결하여 중형 산불 진화 헬기 KUH-1FS를 제작하여 현장에서 활용하고 있다. 또한, 야간 산불에 대비해 야간 비행이 가능한 헬기 도입, 비행장 공사, 야간 투시경 등 개인 장비 마련, 야간 비행 교육·훈련 등을 지속적으로 추진하고 있다.

지상 진화는 주로 전문 진화 인력을 활용한다. 산불전문예방진화대, 산불재난특수진화대, 공중진화대가 활동하는데 이들은 소속기관과 고용기간, 주요 업무, 예산 지원 등의 차이에 따라 탄력적으로 운영되고 있다. 산불이 많이 발생하는 봄·가을철에 밤낮없이 상시 산불 진화 활동을 하고 있으며, 산불이 나지 않을 때에는 다양한 이론과 실습 교육을 받으며 산불 진화 역량을 강화하고 있다. 이외에도 산불 진화 시 보다 많은 인력을 동원하기 위해 공무원, 사회복무요원, 기능인 영림단, 의용 소방대 또는 지역주민 등으로 지상 진화대, 보조 진화대를 구성·운영하고 있다.

산불상황관제시스템

산불 진화 현장에는 수많은 인력과 자원이 동시에 투입되어 일사불란하게 움직인다. 많은 인력과 자원으로 인해 현장 전반을 파악하여 지휘하는 데 많은 어려움이 있다. 특히 대형 산불이 나면 산림청 외에도 많은 유관기관이 함께 진화 작전을 수행하므로 초기 진화를 위해서는 동일한 정보를 신속하게 공유하는 것이 중요하다. 이러한 어려움을 해결하기 위해 산림청과 국립산림과학원은 공간 정보를 기반으로 하는 산불상황관제시스템을 구축하여 산불의 통합관리와 부처 간 공동 대응을 가능하게 하고 있다.

산불확산예측시스템

산불 발생 시 발화지 위치와 지형, 임상, 기상조건을 분석하여 시간대별로 확산 경로를 예측 분석하는 산불확산예측시스템의 결과를 바탕으로 현장에서는 진화 자원을 효율적으로 배치하여 운영하고, 지역 주민이 안전하게 대피할 수 있도록 관련 정보도 제공하고 있다. 산불 확산 예측 결과는 산불상황관제시스템에 연동되어 지방자치단체 및 산림청 소속기관 등에 제공되고 있으며, 산불 대응 전략에서 언급한 것처럼 지휘차에 탑재된 모니터에서 송출되도록 하여 활용도를 높이고 있다.

4. 산불 정책의 발전 방향

산불 정책은 나라마다 차이가 있다. 각국의 자연, 사회와 경제, 문화 등에 영향을 받으며 발전하기 때문이다. 따라서 산불이라는 재난에서 국민의 생명과 재산을 지키기 위해 산불 정책을 지속적으로 발전시키려는 노력이 필요하다. 앞에서 기술된 내용을 종합하여 우리나라의 산불 정책 발전을 위해 고려해야 할 사항을 다음과 같이 정리할 수 있다.

① 산불은 국가적 재난으로 정부 주도로 산불 대응 및 진화를 위한 법, 제도, 기술 등의 체계를 마련하는 한편, 여러 부처 간의 능동적인 협업이 중요하다.

② 산불은 지역사회에서 발생하므로 지방자치단체에서 자체적으로 산불을 관리할 수 있도록 정부의 적극적인 지원이 이루어져야 한다.

③ 우리나라만의 자연 및 사회 여건 등을 고려한 산불 예방 및 진화 기술을 개발하고 활용하기 위한 적극적 노력이 필요하다.

④ 산불 방지를 위한 지속적인 교육과 연구 개발이 가능한 별도 조직을 두고 운영하는 것이 필요하다.

기후변화로 인해 우리나라의 계절적 특성이 불분명해지면서 산불이 계절을 가리지 않고 발생하고 있다. 또한 산림과 인접한 곳에 주택 등 시설물이 증가하면서 산불로 인한 인명 및 재산 등의 피해가 커졌다. 피해에 대한 우려는 산불에 대한 국민의 인식을 변화시켰으며, 이는 실효성 있는 산불 관리에 대한 사회적 요구로 이어졌다.

정부는 산불 재난에서 안전한 국가를 실현하기 위해 2022년 새로운 산불 방지 장기대책을 수립하여 '첨단 정보기술과 현장을 접목한 산불 예방 및 대응 강화'와 '인적 또는 물적 산불 대응 자원의 효과적 운용 및 공동 활용 확대'를 목표로 발전방향을 설정하였다. 이러한 목표 달성을 위해 제4차 산업혁명에 발맞춰 AI 및 빅데이터 활용, 융합기술, 초정밀 라이다LiDAR, 웨어러블 스마트 장비 및 로봇 도입, 가상현실VR과 증강현실AR을 활용한 산불 교육·훈련 등을 통해 산불 방지를 위한 기술을 고도화해 나갈 예정이다. 또한 산불 현장의 정보를 효과적으로 공유할 수 있는 통합된 플랫폼을 개발하여 국민과 산불 관련 모든 기관이 산불 재난 상황에서 각자의 역할을 수행할 수 있도록 지원할 예정이다.

2023년에는 기존의 산림청 산림보호국의 산불방지과, 산사태방지과, 산림병해충방제과를 통합하여 산림재난통제관(국장급)을 신설하고 중앙산림재난상황실 관장과 함께 산불, 산사태와 산림병해충 등 산림재난을 총괄하도록 하고 있다. 이를 통해 산림재난 대응 태세를 더욱 공고히 하여 전문성과 지휘본부로서 최적의 역량을 발휘할 수 있도록 하였다. 이와 연계하여 산림재난에 더 체계적으로 대응할 수 있도록 〈산림재난방지법〉

제정을 추진하고 있으며, 이에 따른 새로운 정책 사업을 발굴하기 위해 많은 노력을 기울이고 있다.

기후위기로 인해 세계적으로 대형 산불은 계속 발생할 것이다. 대형 산불은 산림 관리 정책과 이에 대한 국민의 관심 수준을 변화시킨다. 대형 산불에 대응하려면 과학적인 산불 예방 및 관리체계를 공고히 해야 한다. 그동안 축적된 기술과 정책 노하우를 바탕으로 새로운 기술과 장비를 개발·도입하고 관련 인력의 역량을 강화하는 한편, 지역에 맞는 산불 진화 임도를 확대할 필요가 있다. 또한 산불 관리와 정책에 대한 오해를 바로잡기 위해 관계기관들이 협력해 적극적이고 선도적인 대국민 홍보를 진행해야 한다.

3장.
산불 관리를 위한 제언

글.
이창배(국민대학교 산림환경시스템학과 교수)
우수영(서울시립대학교 환경원예학과 교수)

전 세계적인 기후위기를 반영하듯 폭염, 가뭄, 갑작스러운 폭우로 인한 돌발 홍수 등이 우리나라와 여러 국가에서 동시에 발생하고 있다. 전 지구적으로 발생하고 있는 최근 초대형 산불의 원인으로 섭씨 50℃에 육박하는 폭염과 건조한 대기환경이 지목되고 있다. 더욱이 이러한 대형 산불은 계속 발생할 전망이다.

1996년 고성 산불과 2000년 동해안 산불 이후 산불에 대한 국가적 관심이 크게 증가하였다. 2022년 3월 경북 울진에서 시작되어 강원도 삼척까지 확산된 산불은 주불 진화에만 역대 최장 시간인 213시간이 걸렸으며 16,302 헥타르에 이르는 숲을 잿더미로 만들었다. 이 산불은 국가 차원의 산불 예방 및 대응에 대한 새로운 변화를 촉구했다. 한편 불이 원자력발전소와 LNG 공장 가까이 접근하면서 산불에 대한 국민들의 관심과 경각심을 불러일으켰다.

우리나라는 그동안 축적된 산불 예방 및 진화 기술과 정책을 바탕으로 체계적이고 효율적인 산불 예방 및 대응체계를 구축해 왔다. 그러나 산불이 연중화, 대형화되어 가는 현 시점에서 다시금 산불 예방 및 관리에 대한 대전환이 필요하다. 기후재난인 산불을 효율적으로 관리하고 피해를 줄이려면 여전히 준비해야 할 것이 많다.

1. 정부 차원의 산불 대응 체계를 고도화해야 한다.

산불 또는 산림재난(산불, 산사태, 병해충) 관련 법을 제정하여 국가적 차원에서 산불 및 산림재난에 적극적으로 대응해야 한다. 또한 관계기관 간 공조체계를 확대 및 강화해야 한다. 필요하다면 산불을 비롯해 규모와 피해 정도가 점점 커지고 있는 산림재난에 효율적으로 대응하고 지휘체계를 신속하게 확립할 수 있도록 산림청을 '처' 또는 '부'로 승격시키는 것도 고려하고 준비해야 한다.

2. 첨단 과학기술을 활용한 맞춤형 산불 예방 및 감시 인프라를 조성해야 한다.

대형 산불 위험이 큰 동해안의 숲과 인근 지역을 중심으로 불과 연기 등 산불 징후를 감지할 수 있는 센서를 탑재한 스마트 CCTV를 확대 보급하고, 드론을 활용한 산불 감시 등 4차산업의 핵심 기술들을 적용하여 사각지대 없는 촘촘한 산불 예방체계를 구축해야 한다. 또한, 산불 발생 빅데이터를 바탕으로 입산통제구역 관리를 강화하여 실화를 예방하고 취약지를 집중 감시하는 노력도 꾸준히 해야 한다.

3. 적극적인 산림 관리로 산불 확산을 미연에 방지할 수 있는 선제적 산불 예방 체계를 마련해야 한다.

산불 대형화를 예방하는 가장 효과적인 수단은 숲가꾸기를 통해 산불의 연료가 되는 나무, 풀, 고사목 등을 제거하여 숲의 밀도를 적정수준으로 조절하는 것이다. 산불을 예방하기 위해 가장 먼저 선행되어야 할 산림과학기술은 산불 연료를 줄이는 맞춤형 숲가꾸기 기술을 개발하는 것이다. 더불어 산림 인접

지역의 민가와 주요 시설물을 보호하는 내화수림대를 조성하고 관리하는 기술을 개발해야 한다. 소나무 단순림의 산불 방지 숲 가꾸기, 지역별 맞춤형 내화수림대 조성 등 종합적인 산림관리로 산불에 강한 산림을 확대·육성하는 정책도 필요하다.

4. 노후 진화 장비를 교체하고 첨단 진화 장비를 지속적으로 확충해 산불 대응능력을 강화해야 한다.

산불 진화에 필수적인 산불 진화용 대형 헬기를 최신화하고, 보유 대수를 지금 수준의 2배 이상 확충해야 한다. 고효율·고성능의 산불 진화차 도입·개발과 친환경 산불 차단제와 진화 약제 등을 개발하고, 야간에도 활용할 수 있는 진화탄, 살수용 드론 등 우리나라의 산악 지형에 맞는 진화 장비를 개발하는 것이 반드시 추진되어야 한다.

5. 신속하고 효율적인 산불 진화를 위한 의사결정지원 시스템을 개발해야 한다.

진화 우선순위를 정해 진화 자원을 효율적으로 배치하고, 이를 객관적으로 평가하고 제안할 수 있는 인공지능 기반의 의사결정지원시스템도 개발할 필요가 있다. 또한 산불 발생 지역 주민이 빠르게 대피할 수 있도록 대피장소까지 길을 안내하는 앱도 개발해야 한다.

6. 지역 맞춤형 산불 방지대책을 마련하고 진화 임도를 확

대해야 한다.

산림을 관리하고 경영하는 관점에서 임도는 산불 방지는 물론 진화 자원이 현장에 쉽게 접근할 수 있는 도구이자 산불 확산을 저지하는 1차 방어선 역할을 수행한다. 우리나라의 임도 밀도는 헥타르 당 3.5m로, 헥타르 당 9.5m인 미국, 13m인 일본과 46m인 독일에 비해 매우 낮은 수준이다. 따라서 임도를 확대해야 하며, 이를 위해 우리나라의 지형을 고려한 지역별 맞춤형 임도 설계 및 시공 기술을 반드시 개발해야 한다.

7. 산불 피해 규모를 정밀하게 판정하고 복원하는 기술을 개발해야 한다.

드론과 인공위성 영상을 활용하여 산불 피해 면적과 피해 정도를 보다 정밀하게 판정할 수 있는 기술을 개발하고, 이를 산불피해지의 복원 방법과 계획을 수립하는 데 활용하는 것도 중요하다. 또한 산불피해지를 효율적이고 신속하게 생태적으로 복원하는 기술과 복원 단계별 평가 기술을 개발하여 복원의 실효성을 판단할 수 있는 체계를 마련하는 것도 매우 중요하다.

8. 대국민 홍보를 강화하고 관계기관이 협력해 국민의식을 제고해야 한다.

산불 집중 시기에는 온·오프라인의 모든 가용 매체를 활용해 핵심 메시지를 중점 홍보해야 한다. 또한 행정안전부와 문화체육관광부, 농림축산식품부 등 유관기관이 가진 인프라를 활용하여 산불에 대한 경각심과 예방의 중요성을 국민에게 확산해야 한다.

산림은 지구 육상생태계 탄소의 44%를 저장하며, 생물다양성의 67%를 포함하고 있는 매우 중요한 자원이자 보호의 대상이다. 산불을 효율적으로 예방하고 관리하는 것은 이러한 산림생태계의 기능을 유지하는 동시에 지구생태계와 인류의 지속가능성을 담보하는 매우 중요한 활동이다.

대형 산불을 겪은 곳에서는 산불에 대한 국민의 관심과 경각심이 증가하면서 잘못된 정보가 무분별하게 확산되어 오해가 생기고 산불 정책을 날카롭게 바라보게 된다. 이는 나라와 지역을 막론하고 벌어지는 현상이며, 우리나라에서도 산불 정책을 향한 오해와 곱지 않은 시선이 있었던 것이 사실이다. 저자들은 이 책에서 국내외의 여러 연구와 정책 자료를 바탕으로 산불 동향과 피해, 예방과 진화, 복원 및 정책 등과 관련된 주요 사항을 과학적 근거와 사실을 기반으로 살폈다. 이제 이러한 근거와 사실을 바탕으로 연중화, 대형화되어가는 기후재난인 산불에 대응하는 새로운 산불 정책이 마련되고 실행되길 기대한다.

기후변화와 온난화로 산림은 계속 건조해지며 산림생태계에도 많은 변화가 나타났다. 그래서 과거에 비해서 우리 주변 산림과 녹지에서 산불이 많이 발생한다. 최근 산불은 대형화, 발생의 조기화 등 과거와는 다른 양상을 보인다. 2022년 한 해에만 서울시 면적의 1/3 정도가 산불로 사라졌다. 또한 과거 4월에 발생하던 산불이 3월에 나는 등 산불 발생시기가 계속 앞당겨지는 것이 현실이다. 산불은 이제 숲을 불태우는 것에 그치는 것이 아니라 인명, 주거지역, 산업시설, 귀중한 식물 유전자원 등의 총체적인 손실을 초래하는 재난이 되었다. 그리고 안타깝게도 매년 일어나는 연중 이벤트가 되었다. 이렇게 자주 발생하는 재난에 대해서 그동안 꾸준히 연구해왔지만 부족하다는 의견이 많았다.

산불의 발생 원인부터, 진화, 복원, 숲가꾸기와 산불의 관련성, 우리 국토에서 중요한 동해안 지역 소나무와 산불의 관계 등에 대한 다양한 시각을 총괄하여 좀 더 종합적이고 과학적으로 이해하는 것이 필요한 때가 되었다. 특히 산림을 통해서 목재를 생산하고 소비하는 선순환 과정을 과학적으로 설명하는 것이 중요한데, 산불은 이러한 여건을 파괴하는 나쁜 소식이 된다. 산불 발생을 줄이려면 산불 재난을 바르게 이해할 수 있는 정보와 과학적인 시각을 일반인에게 제공하는 것이 중요하다. 그래서 ㈔

한국산림과학회를 중심으로 산불과 관련한 연구자들이 산림과학을 바탕으로 산불 재난에 대한 연구결과를 모았다. 누구나 산불에 대해서 쉽게 이해하고 대응하며 복원 방향을 가늠할 수 있도록 현재까지의 연구결과를 집대성하였다.

이 책을 완성하기 위해 6개월 이상 매주 회의에 참석하여 진행상황을 논의한 모든 집필진에게 감사드린다. 특별히 리더십을 발휘한 국민대학교 이창배 교수님과 대학원생들에게 감사를 전한다.

반 년에 불과한 짧은 기간에 산불에 대한 방대한 자료가 나올 수 있었던 것은 그동안 국립산림과학원이 축적한 인적 자원, 관련자료, 논문 및 연구결과가 있었기 때문에 가능했다. 마지막으로 이 책이 나올 수 있도록 지원해준 산림청에 진심으로 감사 인사를 드린다. 산불에 대한 이러한 시도가 산림과학 발전에 밑거름이 될 것이기에 학회장으로서 뿌듯한 보람을 느낀다.

2023년 봄
한국산림과학회 25대 회장
우수영

1 산불의 발생과 피해

1 Scott, A. C. 2000. The Pre-Quaternary history of fire. Palaeogeography, Palaeoclimatology, Palaeoecology, 164(1~4): 281~329.

2 Hower, J., Scott, A. C., Hutton, A. C., Parekh, B. K. 1995. Coal: availability, mining and preparation, Encyclopedia of Energy Technology and the Environment. Wiley.

3 Collinson, M. E., Scott, A. C. 1987. Factors controlling the organisation of ancient plant communities. Symposium of the British Ecological Society.

4 Robinson, J. M. 1991. Phanerozoic atmospheric reconstructions: a terrestrial perspective. Palaeogeography, Palaeoclimatology, Palaeoecology, 97(1~2): 51~62.

5 Watson, A., Lovelock, J. E., Margulis, L. 1978. Methanogenesis, fires and the regulation of atmospheric oxygen. Biosystems, 10(4): 293~298.

Berner, R. A., Canfield, D. E. 1989. A new model for atmospheric oxygen over Phanerozoic time. American Journal of Science, 289(4): 333~361.

6 Falcon-Lang, H. 1998. The impact of wildfire on an Early Carboniferous coastal environment, North Mayo, Ireland. Palaeogeography, Palaeoclimatology, Palaeoecology, 139(3~4): 121~138.

7 Hudspith, V. A., Rimmer, S. M., Belcher, C. M. 2014. Latest Permian chars may derive from wildfires, not coal combustion. Geology, 42(10): 879~882.

Erwin, D. H. 1994. The Permo-Triassic extinction. Nature, 367(6460): 231~236.

Thomas, B. M., Willink, R. J., Grice, K., Twitchett, R. J., Purcell, R. R., … Barber, C. J. 2004. Unique marine Permian-Triassic boundary section from Western Australia. Australian Journal of Earth Sciences, 51(3): 423~430.

Longyi, S., Hao, W., Xiaohui, Y., Jing, L., Mingquan, Z. 2012. Paleo-fires and atmospheric oxygen levels in the latest Permian: evidence from maceral compositions of coals in eastern Yunnan, Southern China. Acta Geologica Sinica-English Edition, 86(4): 949~962.

Baker, S. J. 2022. Fossil evidence that increased wildfire activity occurs in tandem with periods of global warming in Earth's past. Earth Science Reviews, 224: 103871.

8 Vajda, V., McLoughlin, S., Mays, C., Frank, T. D., Fielding, C. R., … Nicoll, R. S. 2020. End-Permian(252 Mya) deforestation, wildfires and flooding—an ancient biotic crisis with lessons for the present. Earth and Planetary Science Letters, 529: 115875.

9 Belcher, C. M., McElwain, J. C. 2008. Limits for combustion in low O_2 redefine paleoatmospheric predictions for the Mesozoic. Science, 321(5893): 1197~1200.

Uhl, D., Jasper, A., Hamad, A. M. A., Montenari, M. 2008. Permian and Triassic wildfires and atmospheric oxygen levels. Ecosystems, 9: 179~187.

Hamad, A. M. A., Jasper, A., Uhl, D. 2012. The record of Triassic charcoal and other evidence for palaeo-wildfires: signal for atmospheric oxygen levels, taphonomic biases or lack of fuel? International Journal of Coal Geology, 96~97: 60~71.

10 Harris, T. M. 1958. Forest fire in the Mesozoic. Journal of Ecology, 46(2): 447~453.

11 Cope, M. J., Collinson, M. E., Scott, A. C. 1993. A preliminary study of charcoalified plant fossils from the Middle Jurassic Scalby formation of North Yorkshire. Special Papers in Palaeontology, 49: 101~111.

12 Friis, E. M., Skarby, A. 1982. Scandianthus gen. nov., angiosperm flowers of Gaxifragalean affinity from the upper Cretaceous of Southern Sweden. Annals of Botany, 50(5): 569~583.

Friis, E. M., Crane, P. R., Pedersen, K. R. 1988. Reproductive structures of Cretaceous Platanaceae. Det Kongelige Danske Videnskabernes Selskab.

13 Drinnan, A. N., Crane, P. R., Friis, E. M., Pedersen, K. R. 1990. Lauraceous flowers from the Potomac group(mid-Cretaceous) of Eastern North America. Botanical Gazette, 151(3): 370~384.

14 Herring, J. R. 1985. Charcoal fluxes into sediments of the North Pacific Ocean: the Cenozoic record of burning, The carbon cycle and atmospheric CO_2: natural variations archean to present. Geophysical Monography Series, 51(3): 419~442.

15 Shearer, J. C., Moore, T. A., Demchuk, T. D. 1995. Delineation of the distinctive nature of Tertiary coal beds. International Journal of Coal Geology, 28(2~4): 71~98.

16 피터 왓슨, 생각의 역사 1 - 불에서 프로이트까지, 남경태 역, 2009, 들녘.

17 Cronon, W. 1983. Changes in the land: indians, colonists, and the ecology of New England, Hill and Wang.

Silver, T. 1990. A new face on the countryside: indians, colonists, slaves in South Atlantic Forests. Cambridge University Press.

Moore, J. 2000. Forest fire and human interaction in the early Holocene woodlands of Britain. Palaeogeography, Palaeoclimatology, Palaeoecology, 164: 125~137.

18 Zackrisson, O., Nilsson, M. C., Wardle, D. A. 1996. Key ecological function of charcoal from wildfire in the Boreal forest. Oikos, 10~19.

19 Overpeck, J. T., Rind, D., Goldberg, R. 1990. Climate-induced changes in forest disturbance and vegetation. Nature, 343(6253): 51~53.

20 Tan, Z., Han, Y., Cao, J., Huang, C. C., An, Z. 2015. Holocene wildfire history and human activity from high-resolution charcoal and elemental black carbon records in the Guanzhong Basin of the Loess Plateau, China. Quaternary Science Reviews, 109: 76~87.

21 Carmona-Moreno, C., Belward, A., Malingreau, J. P., Hartley, A., Garcia-Alegre, M., … Pivovarov, V. 2005. Characterizing interannual variations in global fire calendar using data from Earth observing satellites. Global Change Biology, 11(9): 1537~1555.

Moritz, M. A., Parisien, M. A., Batllori, E., Krawchuk, M. A., Van Dorn, J., Ganz, D. J., Hayhoe, K. 2012. Climate change and disruptions to global fire activity. Ecosphere, 3(6): 1~22.

22 전곡선사박물관. 2013. 불의 발견과 사용. https://jgpm.ggcf.kr/

23 국사편찬위원회. 2022. 우리역사넷. http://contents.history.go.kr/front/

24 국립문화재연구원. 2022. 문화유산 연구지식포털. http://contents.history.go.kr/front/

25 정하영. 2020. 철강과 인문학-철과 인간의 만남. http://

www.ferrotimes.com/news/articleView.html?idxno=3599
26 태백석탄박물관. 2022. 석탄의 생성-최초의 기록. https://www.taebaek.go.kr/coalmuseum/contents.do?key=1061
27 한국학중앙연구원. 1995. 한국민족문화대백과사전 '불'. https://encykorea.aks.ac.kr/
28 국사편찬위원회. 2022. 한국사데이터베이스-고려시대. https://db.history.go.kr/item/level.do?itemId=sg
29 충북산림과학박물관. 2022. 고려시대 임업의 역사. https://db.history.go.kr/KOREA/
30 김동현, 강영호, 김광일. 2011. 역사문헌 고찰을 통한 조선시대 산불특성 분석. 한국화재소방학회 논문지, 25(4): 8~21.
31 국립산림과학원. 2012. 조선시대의 산불 대책. 산림청.
32 강영호, 임주훈, 신수철, 이명보. 2004. 산불 예방을 위한 방화선 및 내화수림대 조성에 관한 역사적 고찰 -조선시대부터 일제강점기를 중심으로-. 한국산림과학회지, 93: 499~506.
33 김종국, 고상현, 구창덕, 김기우, 김종갑, … 한상섭. 2019. 삼고 산림보호학. 향문사.
34 채희문, 이찬용. 2003. 산불 확산에 영향을 미치는 임지 내 산림연료와 경사도에 관한 연구. 한국농림기상학회지, 5(3): 179~184.
채희문, 이찬용. 2003. 모형실험에 의한 풍속변화에 따른 산불의 확산속도와 강도 분석. 한국농림기상학회지, 5(4): 213~217.
35 Cruz, M. G., Gould, J. S., Alexander, M. E., Sullivan, A. L., McCaw, W. L., Matthews, S. 2015. Empirical-based models for predicting head-fire rate of spread in Australian fuel types. Australian Forestry, 78(3): 118~158.
Abatzoglou, J. T., Williams, A. P. 2016. Impact of anthropogenic climate change on wildfire across western US forests. Proceedings of the National Academy of Sciences, 113(42): 11770~11775.
36 Abatzoglou, J. T., Battisti, D. S., Williams, A. P., Hansen, W. D., Harvey, B. J., Kolden, C. A. 2021. Projected increases in western US forest fire despite growing fuel constraints. Communications Earth and Environment, 2(1): 227.
37 Lan, Z., Su, Z., Guo, M., Ernesto, C. A., Guo F., … Wang, G. 2021. Are climate factors driving the contemporary wildfire occurrence in China? Forests, 12(4): 392.
38 Chandler, C., Cheney, P., Thomas, P., Trabaud, L., Williams, D. 1983. Fire

in forestry. John Wiley and Sons.
39 Collins, L., Bennett, A. F., Leonard, S.W., Penman, T. D. 2019. Wildfire refugia in forests: severe fire weather and drought mute the influence of topography and fuel age. Global Change Biology, 25(11): 3829~3843.
40 Slijepcevic, A., Anderson, W. R., Matthews, S., Anderson, D. H. 2018. An analysis of the effect of aspect and vegetation type on fine fuel moisture content in eucalypt forest. International Journal of Wildland Fire, 27(3): 190~202.
41 이상우, 임주훈, 원명수, 이주미. 2009. 산림 공간구조 특성과 산불 연소강도와의 관계에 관한 연구. 한국환경복원기술학회지, 12(5): 28~41.
42 산림청. 2022. 2021년도 산불통계연보. 산림청.
43 국립산림과학원. 2022. 2021 산림재해백서. 산림청.
44 Kim, M., Kraxner, F., Son, Y., Jeon, S. W., Shvidenko, A., ··· Lee, W. K. 2019. Quantifying impacts of national-scale afforestation on carbon budgets in South Korea from 1961 to 2014. Forests, 10(7): 579.
45 Lee, S. Y., Park, H., Kim, Y. W., Yun, H. Y., Kim, J. K. 2011. The studies on relationship between forest fire characteristics and weather phase in Jeollanam-do Region. Agriculture and Life Science, 45(4): 29~35.
46 Won, M. S., Jang, K. C., Yoon, S. H. 2018. Development of the national integrated daily weather index(DWI) model to calculate forest fire danger rating in the spring and fall. Korean Journal of Agricultural and Forest Meteorology, 20(4): 348~356.
47 Lee, S. Y., Chae, H. M., Park, G. S., Ohga, S. 2012. Predicting the potential impact of climate change on people-caused forest fire occurrence in South Korea. Journal of Faculty of Agriculture Kyushu University, 57(1): 17~25.
48 환경부. 2021. 부문별 기후변화 영향 및 취약성 통합평가 모형 기반 구축 및 활용기술 개발 최종보고서. 환경부.
49 산림청. 2021. 2021년 K-산불방지대책. 산림청.
50 UNEP. 2022. Wildfire spreading like wildfire - The rising threat of extraordinary landscape fires. UNEP.
51 NIFC(National Interagency Fire Center). 2021. incident management situation report. USDA.
52 Chas-Amil, M. L., Touza, J., García-Martínez, E. 2013. Forest fires in the wildland-urban interface: a spatial analysis of forest fragmentation and

human impacts. Applied Geography, 43:127~137.

53 NSW RFS(New South Wales Rural Fire Service). 2021. NSW rural fire service annual report 2020/21. NSW RFS.

54 European Commission. 2020. Forest fires in Europe, Middle East and North Africa 2020. European Commission.

55 European Union. 2017. Forest fire danger extremes in Europe under climate change. European Union.

56 GFMC(Global Fire Monitoring Center). 2005. Fire in the global environment. GMFC.

57 AFoCO(Asian FOrest Cooperation Organization). 2021. 2020 Annual report. AFoCO.

58 Stott, P. 2000. Combustion in tropical biomass fires: a critical review. Progress in Physical Geography, 24(3): 355~377.

59 Boschetti, L., Roy, D. P. 2008. Defining a fire year for reporting and analysis of global interannual fire variability. Journal of Geophysical Research: Biogeosciences, 113(G3).

60 Burton, C., Kelley, D. I., Jones, C. D., Betts, R. A., Cardoso, M., Anderson, L. 2022. South American fires and their impacts on ecosystems increase with continued emissions. Climate Resilience and Sustainability, 1(1): e8.

61 Filkov, A. I., Ngo, T., Matthews, S., Telfer, S., Penman, T. D. 2020. Impact of Australia's catastrophic 2019/20 bushfire season on communities and environment: retrospective analysis and current trends. Journal of Safety Science and Resilience, 1(1): 44~56.

62 Wu, C., Venevsky, S., Sitch, S., Mercado, L. M., Huntingford, C., Staver, A. C. 2021. Historical and future global burned area with changing climate and human demography. One Earth, 4(4): 517~530.

63 국회도서관. 2022. 바이든 행정부의 산불대응전략-미연방 산불관리의 패러다임 전환. 국회도서관.

64 Copes-Gerbitz, K., Hagerman, S. M., Daniels, L. D. 2022. Transforming fire governance in British Columbia, Canada: an emerging vision for coexisting with fire. Regional Environmental Change, 22(2): 48.

65 Driver(Driving Innovation in Crisis Management for European Resilience). 2020. Wildfire management in Europe. Driver.

66 Victorian Auditor-General. 2020. Reducing bushfire risks. Victorian

Auditor-General's Office.
67 National Park Service. 2004. 2004 Update of the 1992 wildland fire management plan. National Park Service.
68 CCFM(Canadian Council of Forest Ministers). 2021. Action plan 2021~2026. CCFM.
69 AJEM(Australian Journal of Emergency Management). 2021. An integrated system to protect Australia from catastrophic bushfires. AJEM.
70 Bradstock, R. A., Bedward, M., Scott, J., Keith, D. A. 1996. Simulation of the effect of spatial and temporal variation in fire regimes on the population viability of a Banksia species. Conservation Biology, 10(3): 776~784.
Tulloch, A. I., Pichancourt, J. B., Gosper, C. R., Sanders, A., Chadès, I. 2016. Fire management strategies to maintain species population processes in a fragmented landscape of fire-interval extremes. Ecological Applications, 26: 2175~2189.
71 Keeley, J. E. 1987. Role of fire in seed germination of woody taxa in California chaparral. Ecology, 68: 434~443.
Bond, W. J., van Wilgen, B. W. 1996. Fire and Plants. Chapman and Hall.
Penman, T. D., Towerton, A. L. 2008. Soil temperatures during autumn prescribed burning: implications for the germination of fire responsive species? International Journal of Wildland Fire, 17: 572~578.
72 DeBano, L. F., Neary, D. G., Ffolliott, P. F. 1998. Fire's effects on ecosystems. John Wiley and Sons.
73 D'Antonio, C. M., Vitousek, P. M. 1992. Biological invasions by exotic grasses, the grass/fire cycle, and global change. Annual Review of Ecology and Systematics, 23: 63~87.
74 Hughes, F., Vitousek, P. M., Tunison, T. 1991. Alien grass invasion and fire in the seasonal submontane zone of Hawaii. Ecology, 72: 743~747.
Silvério, D. V., Brando, P. M., Balch, J. K., Putz, F. E., Nepstad, D. C., … Bustamante, M. M. 2013. Testing the Amazon savannization hypothesis: fire effects on invasion of a neotropical forest by native cerrado and exotic pasture grasses. Philosophical Transactions of the Royal Society B: Biological Sciences, 368: 20120427.
75 Bradstock, R. A., Bedward, M., Kenny, B. J., Scott, J. 1998. Spatially-

explicit simulation of the effect of prescribed burning on fire regimes and plant extinctions in shrublands typical of south-eastern Australia. Biological Conservation, 86: 83~95.

76 Pausas, J. G. 2019. Generalized fire response strategies in plants and animals. Oikos, 128: 147~153.

Foster, C. N., Sato, C. F., Lindenmayer, D. B., Barton, P. S. 2016. Integrating theory into disturbance interaction experiments to better inform ecosystem management. Global Change Biology, 22: 1325~1335.

77 Litt, A. R., Steidl, R. J. 2011. Interactive effects of fire and nonnative plants on small mammals in grasslands. Wildlife Monographs, 176: 1~31.

Mowat, E. J., Webb, J. K., Crowther, M. S. 2015. Fire-mediated niche-separation between two sympatric small mammal species. Austral Ecology, 40: 50~59.

78 Jones, G. M., Kramer, H. A., Whitmore, S. A., Berigan, W. J., Tempel, D. J., … Peery, M. Z. 2020. Habitat selection by spotted owls after a megafire reflects their adaptation to historical frequent-fire regimes. Landscape Ecology, 35: 1199~1213.

Stillman, A. N., Lorenz, T. J., Fischer, P. C., Siegel, R. B., Wilkerson, R. L., … Johnson, M. 2021. Juvenile survival of a burned forest specialist in response to variation in fire characteristics. Journal of Animal Ecology, 90(5): 1317~1327.

Steel, Z. L., Campos, B., Frick, W. F., Burnett, R., Safford, H. D. 2019. The effects of wildfire severity and pyrodiversity on bat occupancy and diversity in fire-suppressed forests. Scientific Reports, 9: 1~11.

79 Peres, C. A. 1999. Ground fires as agents of mortality in a Central Amazonian forest. Journal of Tropical Ecology, 15(4): 535~541.

80 Pausas, J. G. 2019. Generalized fire response strategies in plants and animals. Oikos, 128(2): 147~153.

81 Brotons, L., Herrando, S., Pons, P. 2008. Wildfires and the expansion of threatened farmland birds: the ortolan bunting Emberiza hortulana in Mediterranean landscapes. Journal of Applied Ecology, 45(4): 1059~1066.

Keeley, J. E., Bond, W. J., Bradstock, R. A., Pausas, J. G., Rundel, P. W. 2012. Fire in Mediterranean ecosystems: ecology, evolution and management. Cambridge University Press.

Robinson, N. M., Leonard, S. W. J., Ritchie, E. G., Bassett, M., Chia, E. K., … Clarke, M. F. 2013. Refuges for fauna in fire-prone landscapes: their ecological function and importance. Journal of Applied Ecology, 50(6): 1321~1329.

82 Chia, E. K., Bassett, M., Nimmo, D. G., Leonard, S. W., Ritchie, E. G., Clarke, M. F., Bennett, A. F. 2015. Fire severity and fire-induced landscape heterogeneity affect arboreal mammals in fire prone forests. Ecosphere, 6(10): 1~14.

83 Certini, G. 2005. Effects of fire on properties of forest soils: a review. Oecologia, 143: 1~10.

84 Robichaud, P. R., Wagenbrenner, J. W., Pierson, F. B., Spaeth, K. E., Ashmun, L. E., Moffet, C. A. 2016. Infiltration and interrill erosion rates after a wildfire in western Montana, USA. Catena, 142: 77~88.

Pingree, M. R., Kobziar, L. N. 2019. The myth of the biological threshold: a review of biological responses to soil heating associated with wildland fire. Forest Ecology and Management, 432: 1022~1029.

85 Shakesby, R. A. 2011. Post-wildfire soil erosion in the Mediterranean: review and future research directions. Earth Science Reviews, 105(3~4): 71~100.

Wittenberg, L. 2012. Post-fire soil ecology: properties and erosion dynamics. Israel Journal of Ecology and Evolution, 58: 151~164.

86 Sankey, J. B., Kreitler, J. R., Hawbaker, T. J., McVay, J. L., Miller, M. E., … Sankey, T. T. 2017. Climate, wildfire, and erosion ensemble foretells more sediment in western USA watersheds. Geophysical Research Letters, 44(17): 8884~8892.

87 Zituni, R., Wittenberg, L., Malkinson, D. 2019. The effects of post-fire forest management on soil erosion rates 3 and 4 years after a wildfire, demonstrated on the 2010 Mount Carmel fire. International Journal of Wildland Fire, 28(5): 377~385.

88 Shakesby, R. A., Doerr, S. H. 2006. Wildfire as a hydrological and geomorphological agent. Earth Science Reviews, 74(3~4): 269~307.

89 Bodí, M. B., Martin, D. A., Balfour, V. N., Santín, C. D … Pereira, P. 2014. Wildland fire ash: production, composition and eco-hydro-geomorphic effects. Earth Science Reviews, 130: 103~127.

Dahm, C. N., Candelaria-Ley, R. I., Reale, C. S., Reale, J. K., Van Horn, D. J. 2015. Extreme water quality degradation following a catastrophic forest fire. Freshwater Biology, 60(12): 2584~2599.

Moody, J. A., Ebel, B. A., Nyman, P., Martin, D. A., Stoof, C., McKinley, R. 2015. Relations between soil hydraulic properties and burn severity. International Journal of Wildland Fire, 25(3): 279~293.

90 Bixby, R. J., Cooper, S. D., Gresswell, R. E., Brown, L. E., Dahm, C. N., Dwire, K. A. 2015. Fire effects on aquatic ecosystems: an assessment of the current state of the science. Freshwater Science, 34(4): 1340~1350.

Robinne, F. N., Hallema, D. W., Bladon, K. D., Buttle, J. M. 2020. Wildfire impacts on hydrologic ecosystem services in North American high-latitude forests: a scoping review. Journal of Hydrology, 581: 124360.

Silva, L. G., Doyle, K. E., Duffy, D., Humphries, P., Horta, A., Baumgartner, L. J. 2020. Mortality events resulting from Australia's catastrophic fires threaten aquatic biota. Global Change Biology, 26(10): 5345~5350.

91 Bladon, K. D., Emelko, M. B., Silins, U., Stone, M. 2014. Wildfire and the future of water supply. Environmental Science and Technology, 48(16): 8936~8943.

92 Doerr, S. H., Santín, C. 2016. Global trends in wildfire and its impacts: perceptions versus realities in a changing world. Philosophical Transactions of the Royal Society B: Biological Sciences, 371: 20150345.

93 Da Motta, R. S., Cardoso Mendonça, M. J., Nepstad, D., Diaz, M. C. V., Alencar, A., ··· Gomes, J. C. 2002. O Custo Econômico Do Fogo Na Amazônia. Rio de Janeiro: Instituto de Pesquisa Econômica Aplicada.

94 Brown, I., Schroeder, W., Setzer, A., Maldonado, M., Pantoja, N., ··· Marengo, J. 2006. Monitoring fires in southwestern Amazonia rain forests. Eos, 87(26): 253~259.

Brown, F., Santos, G., Pires, F., da Costa, C. 2011. Brazil: drought and fire response in the Amazon: world resources report case study. World Resources Institute.

Ignotti, E., Valente, J. G., Longo, K. M., Freitas, S. R., Hacon, S. D. S., Artaxo Netto, P. 2010. Impact on human health of particulate matter emitted from burnings in the Brazilian Amazon region. Revista de Saúde Pública, 44: 121~130.

Do Carmo, C. N., Alves, M. B., Hacon, S. D. S. 2013. Impact of biomass burning and weather conditions on children's health in a city of Western Amazon region. Air Quality, Atmosphere and Health, 6: 517~525.

Machado-Silva, F., Libonati, R., de Lima, T. F. M., Peixoto, R. B., de Almeida França, J. R., … Da Camara, C. C. 2020. Drought and fires influence the respiratory diseases hospitalizations in the Amazon. Ecological Indicators, 109, 105817.

95 Glauber, A. J., Moyer, S., Adriani, M., Iwan, G. 2016. The cost of fire: an economic analysis of Indonesia's 2015 fire crisis. World Bank, Jakarta.

96 World Bank. 2020. World bank policy note: managing wildfire in a changing climate, March 2020. World Bank.

97 Groot, E., Caturay, A., Khan, Y., Copes, R. 2019. A systematic review of the health impacts of occupational exposure to wildland fires. International Journal of Occupational Medicine and Environmental Health, 32(2): 121~140.

98 Kondo, M. C., De Roos, A. J., White, L. S., Heilman, W. E., Mockrin, M. H., … Burstyn, I. 2019. Meta-analysis of heterogeneity in the effects of wildfire smoke exposure on respiratory health in North America. International Journal of Environmental Research and Public Health, 16: 960.

99 Liu, J. C., Pereira, G., Uhl, S. A., Bravo, M. A., Bell, M. L. 2015. A systematic review of the physical health impacts from non-occupational exposure to wildfire smoke. Environmental Research, 136: 120~132.

100 Jones, G. M., Kramer, H. A., Whitmore, S. A., Berigan, W. J., Tempel, D. J., … Peery, M. Z. 2020. Habitat selection by spotted owls after a megafire reflects their adaptation to historical frequent-fire regimes. Landscape Ecology, 35: 1199~1213.

101 Groot, E., Caturay, A., Khan, Y., Copes, R. 2019. A systematic review of the health impacts of occupational exposure to wildland fires. International Journal of Occupational Medicine and Environmental Health, 32(2): 121~140.

102 Huttunen, K., Siponen, T., Salonen, I., Yli-Tuomi, T., Aurela, M., Dufva, H. 2012. Low-level exposure to ambient particulate matter is associated with systemic inflammation in ischemic heart disease patients.

Environmental Research, 116: 44~51.
103 Tan, W. C., Qui, D., Liam, B. L., Ng, T. P., Lee, S. H., … Hogg, J. C. 2000. The human bone marrow response to acute air pollution caused by forest fires. American Journal of Respiratory and Critical Care Medicine, 161(4): 1213~1217.
104 Navarro, K. M., Kleinman, M. T., Mackay, C. E., Reinhardt, T. E., Balmes, J. R., … Broyles, G. A. 2019. Wildland firefighter smoke exposure and risk of lung cancer and cardiovascular disease mortality. Environmental Research, 173: 462~468.
105 Frankenberg, E., McKee, D., Thomas, D. 2005. Health consequences of forest fires in Indonesia. Demography, 42(1): 109~129.
106 Henderson, S. B., Brauer, M., Macnab, Y. C., Kennedy, S. M. 2011. Three measures of forest fire smoke exposure and their associations with respiratory and cardiovascular health outcomes in a population-based cohort. Environmental Health Perspectives, 119(9): 1266~1271.
107 Heft-Neal, S., Driscoll, A., Yang, W., Shaw, G., Burke, M. 2022. Associations between wildfire smoke exposure during pregnancy and risk of preterm birth in California. Environmental Research, 203: 111872.
108 Reid, C. E., Brauer, M., Johnston, F. H., Jerrett, M., Balmes, J. R., Elliott, C. T. 2016. Critical review of health impacts of wildfire smoke exposure. Environmental Health Perspectives, 124(9): 1334~1343.
109 Harrison, M. E., Wijedasa, L. S., Cole, L. E., Cheyne, S. M., Choiruzzad, S. A. B., … Page, S. 2020. Tropical peatlands and their conservation are important in the context of COVID-19 and potential future (zoonotic) disease pandemics. PeerJ, 8: e10283.
110 Zhou, X., Josey, K., Kamareddine, L., Caine, M. C., Liu, T., … Dominici, F. 2021. Excess of COVID-19 cases and deaths due to fine particulate matter exposure during the 2020 wildfires in the United States. Science Advances. 7: eabi8789.
111 Dargie, G. C., Lewis, S. L., Lawson, I. T., Mitchard, E. T., Page, S. E., … Ifo, S. A. 2017. Age, extent and carbon storage of the central Congo Basin peatland complex. Nature, 542(7639): 86~90.
112 Turetsky, M. R., Benscoter, B., Page, S., Rein, G., Van der Werf, G. R., Watts, A. 2015. Global vulnerability of peatlands to fire and carbon loss.

Nature Geoscience, 8(1): 11~14.
113 Joosten, H. 2015. Peatlands, climate change mitigation and biodiversity conservation: an issue brief on the importance of peatlands for carbon and biodiversity conservation and the role of drained peatlands as greenhouse gas emission hotspots. Nordic Council of Ministers.
Urák I., Hartel T., Gallé R., Balog A. 2017. Worldwide peatland degradations and the related carbon dioxide emissions: the importance of policy regulations. Environmental Science and Policy, 69: 57~64.
114 La Page, S. E., Siegert, F., Rieley, J. O., Boehm, H. D. V., Jaya, A., Limin, S. 2002. The amount of carbon released from peat and forest fires in Indonesia during 1997. Nature, 420(6911): 61~65.
115 Libonati, R., Belém, L. B. C., Rodrigues, J. A., Santos, F. L. M., Sena, C. A. P., … Carvalho, I. A. 2020. Sistema ALARMES - Alerta de área queimada Pantanal, situação atual - primeira semana de outubro de 2020. Rio de Janeiro: Laboratório de Aplicações de Satélites Ambientais-UFRJ.
116 Libonati, R., Da Camara, C. C., Peres, L. F., Sander de Carvalho, L. A., Garcia, L. C. 2020. Rescue Brazil's burning Pantanal wetlands. Nature, 588(7837): 217~219.
117 Mega, E. R. 2020. 'Apocalyptic' fires are ravaging the world's largest tropical wetland. Nature, 586(7827): 20~21.
118 Silva Junior, C. H., Aragão, L. E., Fonseca, M. G., Almeida, C. T., Vedovato, L. B., Anderson, L. O. 2018. Deforestation-induced fragmentation increases forest fire occurrence in central Brazilian Amazonia. Forests, 9(6): 305.
119 Silva, C. V., Aragão, L. E., Young, P. J., Espirito-Santo, F., Berenguer, E., … Withey, K., 2020. Estimating the multi-decadal carbon deficit of burned Amazonian forests. Environmental Research Letters, 15: 114023.

2부 산불 피해 방지와 복원

1 산림청. 2020. 지속가능한 산림자원 관리지침. 산림청.
2 국립산림과학원. 2022. 산불과 숲 관리: 산불 Q & A 시리즈. 국립산림과학원.
3 Banerjee T. 2020. Impacts of forest thinning on wildland fire behavior.

Forests, 11(9): 918.
Johnston, F. H., Borchers-Arriagada, N., Morgan, G. G., Jalaudin, B., Palmer, A. J., … Bowman, D. M. 2021. Unprecedented health costs of smoke-related PM 2.5 from the 2019~20 Australian megafires. Nature Sustainability, 4(3): 42~47.

4 윤호중, 우충식, 이창우. 2011. 숲가꾸기가 산사태 발생에 미치는 영향. 한국산림과학회지, 100(3): 417~422.

5 Brown, J. K., Bradshaw L. S. 1994. Comparisons of particulate -emissions and smoke impacts from presettlement, full suppression, and prescribed natural fire period in the Selway-Bitterroot Wilderness. International Journal of Wildland Fire, 4(3): 143~155.

6 Call, P. T., Albini, F. A. 1997. Aerial and surface fuel consumption in crown fires. International Journal of Wildland Fire, 7(3): 259~264.

7 Cruz, M. G., Alexander, M. E., Wakimoto, R. H. 2003. Assessing canopy fuel stratum characteristics in crown fire prone fuel types of Western North America. International Journal of Wildland Fire, 12(1): 39~50.

8 구교상, 김동현, 이병두, 서은경, 전권석, … 이명보. 2009. 유비쿼터스 기반 산불대응 현장시스템 구축 및 산불피해저감을 위한 내화수림 조성. 국립산림과학원.

9 Sandberg, D. V., Ottmar, R. D., Cushon, G. H. 2001. Characterizing fuels in the 21st Century. International Journal of Wildland Fire 10(4): 381~387.

10 Mell, W., Maranghides, A., McDermott, R., Manzello, S. L. 2009. Numerical simulation and experiments of burning Douglas fir trees. Combustion and Flame, 156(10): 2023~2041.

11 Deeming, J. E. 1972. National fire danger rating system. USDA.

12 Burgan, R., Hardy, C., Ohlen, D., Fosnight, G., Treder, R. 1999. Ground sample data for the conterminous us land cover characteristics database(No. 41). USDA.

13 Burgan, R. E., Andrews, P. L., Bradshaw, L. S., Chase, C. H., Hartford, R. A., Latham, D. J. 1997. Current status of the wildland fire assessment system(WFAS). Fire Management Notes, 57(2): 14~17.

14 National Wildfire Coordinating Group(NWCG). 2010. Handline techniques, NWCG instructor guide. NWCG.

15 Toukiloglou, P., Eftychidis, G., Gitas, I., Tompoulidou, M. 2013. ArcFuel

methodology for mapping forest fuels in Europe. First international conference on remote sensing and geoinformation of the environment, 8795: 482~500.

16 Shaik, R. U., Laneve, G., Fusilli, L. 2022. An automatic procedure for forest fire fuel mapping using hyperspectral imagery: a semi-supervised classification approach. Remote Sensing, 14(5): 1264.

17 Mutch, R. W., Arno, S. F., Brown, J. K., Carlson, C. E., Ottmar, R. D., Peterson, J. L. 1993. Forest health in the Blue Mountains: a management strategy for fire-adapted ecosystems. USDA.

18 USDA. 2019. Implementation guide for aerial application of fire retardant. USDA.

19 안희영, 이병두, 서경원, 권춘근, 김성용, … 고석재. 2020. 산불 제대로 알기. 국립산림과학원.

20 권진오, 강원석, 김정환, 신문현, 천정화, … 임주훈. 2018. 백두대간의 지형보전을 위한 산림경관 복원기술 개발. 국립산림과학원.

21 강원석, 이영근, 박기형, 심국보, 가강현, … 배정현. 2022. 산불피해지 복원. 국립산림과학원.

22 강원석, 이영근, 박기형, 정유경, 김범석, … 전종훈. 2022. 산불 후 인공복구 및 자연복원지 생태계 변화 모니터링. 국립산림과학원.

23 Barnes, B. V., Zak, D. R., Denton, S. R., Spurr, S. H. 1997. Forest ecology(No. Ed. 4). John Wiley and Sons.

24 Kiel, N. G., Turner, M. G. 2022. Where are the trees? Extent, configuration, and drivers of poor forest recovery 30 years after the 1988 Yellowstone fires. Forest Ecology and Management, 524: 120536.

25 Krebs, C. J. 1985. Ecology(3rd edition). Harper and Row.

26 Brower, J. E., Zar, J. H. 1977. Field and laboratory methods for general ecology. Brown Company Publishers.

27 Whittaker, R. H. 1965. Dominance and diversity in land plant communities. Science, 147(3655): 250~260.

28 강진택, 임종수, 고치웅, 박정묵, 윤준혁, … 정성갑. 2021. 임목재적·바이오매스 및 임분수확표. 국립산림과학원.

29 Litton, C. M., Santelices, R. 2003. Effect of wildfire on soil physical and chemical properties in a Nothofagus glauca forest, Chile. Revista Chilena de Historia Natural, 76(4): 529~542.

30 이천용. 2020. 산림환경토양학. 구민사.

31 김용석, 구남인, 강원석. 2018. 식물반응기법을 이용한 산림토양 특성 평가. 국립산림과학원.
32 권성민, 조재현, 이성재, 권구중, 황병호, … 김남훈. 2007. 산불피해 소나무재의 목질펠릿으로의 이용가능성 평가. 목재공학, 35(4): 14~20.
33 박정환, 박병수, 김광모, 이도식. 2008. 산불 피해목의 재질변화에 관한 연구(II) - 산불 피해 소나무의 경시적 재질변화 -. 목재공학, 36(1): 30~35.
34 Willcox, W. W. 1978. Review of the literature on the effects of early stages of decay on wood strength. Wood and Fiber Science, 9: 252~257.
35 Eaton, R. A., Hale, M. D. C. 1993. Wood: decay, pests, and protection. Chapman and Hall.
36 Oberberger, I., Thek, G. 2004. Physical characterization and chemical composition of densified biomass fuels with regard to their combustion behaviour. Biomass and Bioenergy, 27(6): 653~669.
37 한규성, 김병로. 2006. 목질펠릿으로 제조한 탄화물의 특성. 목재공학, 34(3): 15~21.
38 Rhen, C., Ohman, M., Gref, R., Wasterlund, I. 2007. Effect of raw material composition in woody biomass pellets on combustion characteristics. Biomass and Bioenergy, 31(1): 66~72.

3 산불의 과거와 현재, 미래

1 국립산림과학원. 2022. 우리나라 소나무에 대한 국민인식 조사 결과보고서. 국립산림과학원.
2 이경준. 2011. 수목생리학. 서울대학교출판부.
3 국립산림과학원. 2007. 산불피해지 생태계변화 조사. 국립산림과학원.
4 배재수, 김은숙, 장주연, 설아라, 노성룡, 임종환. 2020. 조선후기 산림과 온돌. 국립산림과학원.
5 富永 保人, 米山穫. 1978. マツタケ栽培の實際. 養賢當發行.
6 박현, 신기일, 김현중. 1998. 자기회귀모형을 이용한 송이생산 제한 기후인자 파악. 한국산림과학회지, 57: 213~221.
7 김은숙, 임종환, 이보라, 장근창, 양희문, … 이주현. 2020. 이상기상 및 기후변화에 따른 산림피해 현황. 국립산림과학원.
8 김은숙, 정병헌, 배재수, 임종환. 2022. 시계열 국가산림자원조사 자료를 이용한 전국 산림의 임상 변화 특성 분석과 미래 전망. 한국산림과학회지,

111(4): 461~472.
9 임종환, 박고은, 문나현, 문가현, 신만용. 2017. 국가산림자원조사 자료를 활용한 소나무 연륜생장과 기후인자와의 관계분석. 한국산림과학회지, 106: 249~257.
10 고성윤, 성주한, 천정화, 이영근, 신만용. 2014. 기후변화 시나리오에 의한 중부지방 소나무의 연도별 적지분포 변화 예측. 한국농림기상학회지, 106(2): 249~257.
11 김태근, 조영호, 오장근. 2015. 기후변화에 따른 소나무림 분포변화 예측모델. 생태와 환경, 48(4): 229~237.
12 조낭현, 김은숙, 이보라, 임종환, 강신규. 2020. MaxEnt 모형을 이용한 소나무 잠재분포 예측 및 환경변수와 관계 분석. 한국농림기상학회지, 22(2): 47~56.
13 박미진, 이성숙. 2018. 쉽게 알아보는 정유이야기. 국립산림과학원.
14 Fernandes, P. M., Vega, J. A., Jimenez, E., Rigolot, E. 2008. Fire resistance of European pines. Forest Ecology and Management, 256(3): 246~255.
15 김관수. 1995. 가열 온도에 의한 소나무와 잣나무 생엽과 생지의 연소 온도변화. 대전대학교 기초과학연구소 자연과학, 6: 99~106.
16 임주훈, 김정환, 배상원. 2012. 고성 산불피해지에서 소나무 치수의 자연복원 패턴. 한국농림기상학회지, 14(4): 222~228.
17 임주훈. 1995. 참나무와 우리 문화. 숲과 문화 연구회.
18 국립산림과학원. 2007. 산불피해지 생태계변화 조사. 국립산림과학원.
Ahn, Y. S., Ryu, S. R., Lim, J., Lee, C. H., Shin, J. H., … Seo, J. I. 2014. Effects of forest fires on forest ecosystems in eastern coastal areas of Korea and an overview of restoration projects. Landscape and Ecological Engineering, 10: 229~237.
19 조원호, 김원. 1992. 산화 후 소나무림의 이차천이와 종다양성. 한국생태학회지, 15(4): 337~344.
20 산림청. 2014. 맞춤형 조림지도. https://www.forest.go.kr/newkfsweb/kfs/idx/SubIndex.do?orgId=fgis&mn=KFS_03_08_01
21 국가기록원. 2022. 산림녹화. https://theme.archives.go.kr/next/forest/viewMain.do
22 산림청. 2010. 산불통계 분석을 통한 산불정책 변천 및 대응방안. 산림청.
23 고성군. 1997. 고성산불백서. 고성군.

국내 문헌

강영호, 임주훈, 신수철, 이명보. 2004. 산불 예방을 위한 방화선 및 내화수림대 조성에 관한 역사적 고찰 - 조선시대부터 일제강점기를 중심으로-. 한국산림과학회지, 93: 499~506.

강원석, 이영근, 박기형, 심국보, 가강현, … 배정현. 2022. 산불피해지 복원. 국립산림과학원.

강원석, 이영근, 박기형, 정유경, 김범석, … 전종훈. 2022. 산불 후 인공복구 및 자연복원지 생태계 변화 모니터링. 국립산림과학원.

강진택, 임종수, 고치웅, 박정묵, 윤준혁, … 정성갑. 2021. 임목재적·바이오매스 및 임분수확표. 국립산림과학원.

고성군. 1997. 고성산불백서. 고성군.

고성윤, 성주한, 천정화, 이영근, 신만용. 2014. 기후변화 시나리오에 의한 중부지방 소나무의 연도별 적지분포 변화 예측. 한국농림기상학회지, 16: 72~82.

구교상, 김동현, 이병두, 서은경, 전권석, … 이명보. 2010. 유비쿼터스 기반 산불대응 현장시스템 구축 및 산불피해저감을 위한 내화수림 조성. 국립산림과학원.

국립산림과학원. 2022. 우리나라 소나무에 대한 국민인식 조사 결과보고서. 국립산림과학원.

국립산림과학원, 2022. 산불과 숲 관리: 산불 Q & A 시리즈 03. 산림청.

국립산림과학원. 2007. 산불피해지 생태계변화 조사. 국립산림과학원.

국립산림과학원. 2012. 조선시대의 산불 대책. 산림청.

국립산림과학원. 2016. 산불방지시스템 고도화를 위한 주요 침엽수종의 연료모델 개발. 산림청.

국립산림과학원. 2020. 산불 제대로 알기. 산림청.

국립산림과학원. 2022. 2021 산림재해백서. 국립산림과학원.

국립산림과학원. 2022. 빠르게 확산되는 산불 - 통제 불가능한 산불의 위험성 증가. 국립산림과학원.

국회도서관. 2022. 바이든 행정부의 산불대응전략 -미연방 산불관리의 패러다임 전환. 국회도서관.
권성민, 전근우, 김남훈. 2008. 산불 피해 소나무 목재의 해부 및 물리적 특성 - 피해 정도에 따른 차이. 목재공학, 36(2): 84~92.
권성민, 조재현, 이성재, 권구중, 황병호, … 김남훈. 2007. 산불피해 소나무재의 목질펠릿으로의 이용가능성 평가. 목재공학, 35(2): 14~20.
권진오, 강원석, 김정환, 신문현, 천정화, … 임주훈. 2018. 백두대간의 지형보전을 위한 산림경관 복원기술 개발. 국립산림과학원.
김관수. 1995. 가열 온도에 의한 소나무와 잣나무 생엽과 생지의 연소 온도변화. 대전대학교 기초과학연구소 자연과학, 6: 99~106.
김동현, 강영호, 김광일. 2011. 역사문헌 고찰을 통한 조선시대 산불특성 분석. 한국화재소방학회 논문지, 25(4): 8~21.
김용석, 구남인, 강원석. 2018. 식물반응기법을 이용한 산림토양 특성 평가. 국립산림과학원.
김은숙, 임종환, 이보라, 장근창, 양희문, … 이주현. 2020. 이상기상 및 기후변화에 따른 산림피해 현황. 국립산림과학원.
김은숙, 정병헌, 배재수, 임종환. 2022. 시계열 국가산림자원조사 자료를 이용한 전국 산림의 임상 변화 특성 분석과 미래 전망. 한국산림과학회지, 111(4): 461~472.
김종국, 고상현, 구창덕, 김기우, 김종갑, … 한상섭. 2019. 삼고 산림보호학. 향문사.
김태근, 조영호, 오장근. 2015. 기후변화에 따른 소나무림 분포변화 예측모델. 생태와 환경, 48(4): 229~237.
박미진, 이성숙. 2018. 쉽게 알아보는 정유이야기. 국립산림과학원.
박영주, 이해평. 2011. 산불화재 감식을 위한 연소생성물의 응용에 관한 연구. 한국안전학회지, 26(4): 112.
박정환, 박병수, 김광모, 이도식. 2008. 산불 피해목의 재질변화에 관한 연구(II) - 산불 피해 소나무의 경시적 재질변화 -. 목재공학, 36(1): 30~35.
박현, 신기일, 김현중. 1998. 자기회귀모형을 이용한 송이생산 제한 기후인자 파악. 산림과학논문집, 57: 213~221.
배재수, 김은숙, 장주연, 설아라, 노성룡, 임종환. 2020. 조선후기 산림과 온돌. 국립산림과학원.
산림청 산림항공본부. 2020. 2019 산림항공백서. 산림청 산림항공본부.
산림청. 2001. 동해안산불백서. 산림청.
산림청. 2010. 산불통계 분석을 통한 산불정책 변천 및 대응방안. 산림청.
산림청. 2011. 산림과 임업기술. 산림청.

산림청. 2019.『산림기본통계』통계정보보고서. 산림청.
산림청. 2020. 지속가능한 산림자원 관리지침. 산림청.
산림청. 2021. 2021년 K-산불방지대책. 산림청.
산림청. 2022. 2021년도 산불통계연보. 산림청.
산림청. 2022. 2022년도 산불방지분야 사업계획. 산림청.
윤호중, 우충식, 이창우. 2011. 숲가꾸기가 산사태 발생에 미치는 영향. 한국산림과학회지, 100(3): 417~422.
이경준. 2011. 수목생리학. 서울대학교출판부.
이상우, 임주훈, 원명수, 이주미. 2009. 산림 공간구조 특성과 산불 연소강도와의 관계에 관한 연구. 한국환경복원기술학회지, 12(5): 28~41.
이천용. 2020. 산림환경토양학. 구민사.
임종환, 박고은, 문나현, 문가현, 신만용. 2017. 국가산림자원조사 자료를 활용한 소나무 연륜생장과 기후인자와의 관계분석. 한국산림과학회지, 106(2): 249~257.
임주훈. 1995. 참나무와 우리 문화. 숲과문화연구회.
임주훈, 김정환, 배상원. 2012. 고성 산불피해지에서 소나무 치수의 자연복원 패턴. 한국농림기상학회지, 14(4): 222~228.
장장식. 2005. 불과 민속 - 불 문명의 상징에서 욕망의 집적까지. 불과 민속, 110: 38~41.
조낭현, 김은숙, 이보라, 임종환, 강신규. 2020. MaxEnt 모형을 이용한 소나무 잠재분포 예측 및 환경변수와 관계 분석. 한국농림기상학회지, 22(2): 47~56.
조승연. 2007. 불과 민속 - 불을 신성시하고 숭배하는 종교, 조로아스터교. 불과 민속, 121: 60~65.
조원호, 김원. 1992. 산화 후 소나무림의 이차천이와 종다양성. 한국생태학회지, 15(4): 337~344.
J.K.롤링, 해리포터: 불사조 기사단 5(개정판), 강동혁 역, 2014. 문학수첩, 파주(원저 출판 2007).
채희문, 이찬용. 2003. 산불 확산에 영향을 미치는 임지내 산림연료와 경사도에 관한 연구. 한국농림기상학회지, 5(3): 179~184.
채희문, 이찬용. 2003. 모형실험에 의한 풍속변화에 따른 산불의 확산속도와 강도 분석. 한국농림기상학회지, 5(4): 213~217.
최원일, 김은숙, 박찬우, 구남인, 정종빈. 2021. 제2차 산림의 건강·활력도 진단·평가 보고서. 국립산림과학원.
피터 왓슨, 생각의 역사 1 - 불에서 프로이트까지, 남경태 역, 2009. 들녘, 파주(원저 출판 2009).

한규성, 김병로. 2006. 목질펠릿으로 제조한 탄화물의 특성. 목재공학, 34: 15~21.
환경부. 2021. 부문별 기후변화 영향 및 취약성 통합평가 모형 기반 구축 및 활용기술 개발 최종보고서. 환경부.

국외 문헌

富永 保人, 米山穫. 1978. マツタケ栽培の實際. 養賢當發行.
Abatzoglou, J. T., Battisti, D. S., Williams, A. P., Hansen, W. D., Harvey, B. J., Kolden, C. A. 2021. Projected increases in western US forest fire despite growing fuel constraints. Communications Earth and Environment, 2(1): 227.
Abatzoglou, J. T., Williams, A. P. 2016. Impact of anthropogenic climate change on wildfire across western US forests. Proceedings of the National Academy of Sciences, 113(42): 11770~11775.
AFoCO(Asian FOrest Cooperation Organization). 2021. 2020 Annual report. AFoCO.
AFoCO(Asian FOrest Cooperation Organization). 2021. Forest fire management information system. AFoCO.
Ahn, Y. S., Ryu, S. R., Lim, J., Lee, C. H., Shin, J. H., ··· Seo, J. I. 2014. Effects of forest fires on forest ecosystems in eastern coastal areas of Korea and an overview of restoration projects. Landscape and Ecological Engineering, 10: 229~237.
AJEM(Australian Journal of Emergency Management). 2021. An integrated system to protect Australia from catastrophic bushfires. AJEM.
Albini, F. A., Stocks, B. J. 1985. Predicted and observed rates of spread of crown fires in immature Jack Pine. Combustion Science and Technology, 48(1~2): 65~76.
Andela, N., Morton, D. C., Giglio, L., Paugam, R., Chen, Y., ··· Randerson, J. T. 2019. The global fire Atlas of individual fire size, duration, speed and direction. Earth System Science Data, 11(2): 529~552.
Baker, S. J. 2022. Fossil evidence that increased wildfire activity occurs in tandem with periods of global warming in Earth's past. Earth Science Reviews, 224: 103871.

Banerjee T. 2020. Impacts of forest thinning on wildland fire behavior. Forests, 11(9): 918.
Barrett, K. 2019. Reducing wildfire risk in the wildland-urban interface: policy, trends, and solutions. Idaho Law Review, 55: 3~27.
Belcher, C. M., McElwain, J. C. 2008. Limits for combustion in low O_2 redefine paleoatmospheric predictions for the Mesozoic. Science, 321(5893): 1197~1200.
Berner, R. A., Canfield, D. E. 1989. A new model for atmospheric oxygen over Phanerozoic time. American Journal of Science, 289(4): 333~361.
Bixby, R. J., Cooper, S. D., Gresswell, R. E., Brown, L. E., Dahm, C. N., Dwire, K. A. 2015. Fire effects on aquatic ecosystems: an assessment of the current state of the science. Freshwater Science, 34(4): 1340~1350.
Bladon, K. D., Emelko, M. B., Silins, U., Stone, M. 2014. Wildfire and the future of water supply. Environmental Science and Technology, 48(16): 8936~8943.
Bodi, M. B., Martin, D. A., Balfour, V. N., Santin, C., ··· Pereira, P. 2014. Wildland fire ash: production, composition and eco-hydro-geomorphic effects. Earth Science Reviews, 130: 103~127.
Bond, W. J., van Wilgen, B. W. 1996. Fire and plants. Chapman and Hall.
Boschetti, L., Roy, D. P. 2008. Defining a fire year for reporting and analysis of global interannual fire variability. Journal of Geophysical Research: Biogeosciences, 113: G03020.
Bradstock, R. A., Bedward, M., Kenny, B. J., Scott, J. 1998. Spatially-explicit simulation of the effect of prescribed burning on fire regimes and plant extinctions in shrublands typical of south-eastern Australia. Biological Conservation, 86(1): 83~95.
Bradstock, R. A., Bedward, M., Scott, J., Keith, D. A. 1996. Simulation of the effect of spatial and temporal variation in fire regimes on the population viability of a Banksia species. Conservation Biology, 10(3): 776~784.
Brotons, L., Herrando, S., Pons, P. 2008. Wildfires and the expansion of threatened farmland birds: the ortolan bunting Emberiza hortulana in Mediterranean landscapes. Journal of Applied Ecology, 45(4): 1059~1066.
Brower, J. E., Zar, J. H. 1977. Field and laboratory methods for general ecology. Brown Company Publishers.
Brown, I., Schroeder, W., Setzer, A., Maldonado, R., Pantoja, N., Marengo, J.

2006. Monitoring fires in southwestern Amazonia rain forests. Eos, 87(26): 253~259.

Brown, J. K., Bradshaw L. S. 1994. Comparisons of particulate-emissions and smoke impacts from presettlement, full suppression, and prescribed natural fire period in the Selway-Bitterroot Wilderness. International Journal of Wildland Fire, 4(3): 143~155.

Brown, F., Santos, G., Pires, F., da Costa, C. 2011. Brazil: drought and fire response in the Amazon: world resources report case study. World Resources Institute.

Burgan, R., Hardy, C., Ohlen, D., Fosnight, G., Treder, R. 1999. Ground sample data for the conterminous us land cover characteristics database(No. 41). USDA.

Burton, C., Kelley, D. I., Jones, C. D., Betts, R. A., Cardoso, M., Anderson, L. 2021. South American fires and their impacts on ecosystems increase with continued emissions. Climate Resilience and Sustainability, 1: e8.

Call, P. T., Albini, F. A. 1997. Aerial and surface fuel consumption in crown fires. International Journal of Wildland Fire, 7(3): 259~264.

Carmona-Moreno, C., Belward, A., Malingreau, J. p., Hartley, A., Garcia-Alegre, M., … Pivovarov, V. 2005. Characterizing interannual variations in global fire calendar using data from Earth observing satellites. Global Change Biology, 11(9): 1537~1555.

CCFM(Canadian Council of Forest Ministers). 2021. Action plan 2021~2026. CCFM.

Certini, G. 2005. Effects of fire on properties of forest soils: a review. Oecologia, 143: 1~10.

Chandler, C., Cheney, P., Thomas, P., Trabaud, L., Williams, D. 1983. Fire in forestry. John Wiley and Sons.

Chas-Amil, M. L., Touza, J., García-Martínez, E. 2013. Forest fires in the wildland-urban interface: a spatial analysis of forest fragmentation and human impacts. Applied Geography, 43: 127~137.

Chia, E. K., Bassett, M., Nimmo, D. G., Leonard, S. W., Ritchie, E. G., Clarke, M. F., Bennett, A. F. 2015. Fire severity and fire-induced landscape heterogeneity affect arboreal mammals in fire prone forests. Ecosphere, 6(10): 1~14.

CIFFC(Canadian Interagency Forest Fire Centre). 2021. Canada report 2021. CIFFC.

Collinson, M. E., Scott, A. C. 1987. Factors controlling the organisation of ancient plant communities. Symposium of the British Ecological Society, 399~420.

Connell, J. H. 1978. Diversity in tropical rain forests and coral reefs: high diversity of trees and corals is maintained only in a nonequilibrium state. Science, 199(4335): 1302~1310.

Cope, M. J., Collinson, M. E., Scott, A. C. 1993. A preliminary study of charcoalified plant fossils from the Middle Jurassic Scalby formation of North Yorkshire. Special Papers in Palaeontology, 49: 101~111.

Copes-Gerbitz, K., Hagerman, S. M., Daniels, L. D. 2022. Transforming fire governance in British Columbia, Canada: an emerging vision for coexisting with fire. Regional Environmental Change, 22(2): 48.

Cronon, W. 1983. Changes in the land: indians, colonists, and the ecology of New England. Hill and Wang.

Cruz, M. G., Alexander, M. E., Wakimoto, R. H. 2003. Assessing canopy fuel stratum characteristics in crown fire prone fuel types of Western North America. Journal of Wildland Fire, 12(1): 39~50.

Cruz, M. G., Gould, J. S., Alexander, M. E., Sullivan, A. L., McCaw, W. L., Matthews, S. 2015. Empirical-based models for predicting head-fire rate of spread in Australian fuel types. Australian Forestry, 78(3): 118~158.

D'Antonio, C. M., Vitousek, P. M. 1992. Biological invasions by exotic grasses, the grass/fire cycle, and global change. Annual Review of Ecology and Systematics, 23: 63~87.

Da Motta, R. S., Cardoso Mendonça, M. J., Nepstad, D., Diaz, M. C. V., … Gomes, J. C. 2002. O Custo Econômico Do Fogo Na Amazônia. Rio de Janeiro: Instituto de Pesquisa Econômica Aplicada.

Dahm, C. N., Candelaria-Ley, R. I., Reale, C. S., Reale, J. K., Van Horn, D. J. 2015. Extreme water quality degradation following a catastrophic forest fire. Freshwater Biology, 60(12): 2584~2599.

Dargie, G. C., Lewis, S. L., Lawson, I. T., Mitchard, E. T., Page, S. E., … Ifo, S. A. 2017. Age, extent and carbon storage of the central Congo Basin peatland complex. Nature, 542(7639): 86~90.

Davies, K. W. 2011. Plant community diversity and native plant abundance decline with increasing abundance of an exotic annual grass. Oecologia, 167(2): 481~491.

DeBano, L. F., Neary, D. G., Ffolliott, P. F. 1998. Fire's effects on ecosystems. John Wiley and Sons.

Deeming, J. E. 1972. National fire danger rating system. USDA.

Do Carmo, C. N., Alves, M. B., Hacon, S. D. S. 2013. Impact of biomass burning and weather conditions on children's health in a city of Western Amazon region. Air Quality, Atmosphere and Health, 6: 517~525.

Doerr, S. H., Santín, C. 2016. Global trends in wildfire and its impacts: perceptions versus realities in a changing world. Philosophical Transactions of the Royal Society B: Biological Sciences, 371: 20150345.

Drinnan, A. N., Crane, P. R., Friis, E. M., Pedersen, K. R. 1990. Lauraceous flowers from the Potomac group(mid-Cretaceous) of eastern North America. Botanical Gazette, 151(3): 370~384.

Driver(Driving Innovation in Crisis Management for European Resilience). 2020. Wildfire management in Europe. Driver.

Eaton, R. A., Hale, M. D. C. 1993. Wood: decay, pests, and protection. Chapman and Hall.

Erwin, D. H. 1994. The Permo-Triassic extinction. Nature, 367(6460): 231~236.

European Commission. 2017. Forest fire danger extremes in Europe under climate change: variability and uncertainty. European Commission.

European Commission. 2020. Forest fires in Europe, Middle East and North Africa 2020. European Commission.

Falcon-Lang, H. 1998. The impact of wildfire on an Early Carboniferous coastal environment, North Mayo, Ireland. Palaeogeography, Palaeoclimatology, Palaeoecology, 139(3~4): 121~138.

Filkov, A.I., Ngo, T., Matthews, S., Telfer, S. and Penman, T. D. 2020. Impact of Australia's catastrophic 2019/20 bushfire season on communities and environment: retrospective analysis and current trends. Journal of Safety Science and Resilience, 1(1): 44~56.

Foster, C. N., Sato, C. F., Lindenmayer, D. B., Barton, P. S. 2016. Integrating theory into disturbance interaction experiments to better inform ecosystem management. Global Change Biology, 22(4): 1325~1335.

Frankenberg, E., McKee, D., Thomas, D. 2005. Health consequences of forest fires in Indonesia. Demography, 42(1): 109~129.

Fernandes, P. M., Vega, J. A., Jimenez, E., Rigolot, E. 2008. Fire resistance of

European pines. Forest Ecology and Management, 256(3): 246~255.
Friis, E. M., Crane, P. R., Pedersen, K. R. 1988. Reproductive structures of Cretaceous Platanaceae. Det Kongelige Danske Videnskabernes Selskab.
Friis, E. M., Skarby, A. 1982. Scandianthus gen. nov., angiosperm flowers of Gaxifragalean affinity from the upper Cretaceous of Southern Sweden. Annals of Botany, 50(5): 569~583.
GFMC(Global Fire Monitoring Center). 2005. Fire in the global environment. GFMC.
Glauber, A. J., Moyer, S., Adriani, M., Iwan, G. 2016. The cost of fire: an economic analysis of Indonesia's 2015 fire crisis. World Bank, Jakarta.
Groot, E., Caturay, A., Khan, Y., Copes, R. 2019. A systematic review of the health impacts of occupational exposure to wildland fires. International Journal of Occupational Medicine and Environmental Health, 32(2): 121~140.
Hamad, A. M. A., Jasper, A., Uhl, D. 2012. The record of Triassic charcoal and other evidence for palaeo-wildfires: signal for atmospheric oxygen levels, taphonomic biases or lack of fuel? International Journal of Coal Geology, 96~97: 60~71.
Harris, T. M. 1958. Forest fire in the Mesozoic. Journal of Ecology, 46(2): 447~453.
Harrison, M. E., Wijedasa, L. S., Cole, L. E., Cheyne, S. M., Choiruzzad, S. A. B., … Page, S. 2020. Tropical peatlands and their conservation are important in the context of COVID-19 and potential future(zoonotic) disease pandemics. PeerJ, 8: e10283.
Haslem, A., Kelly, L. T., Nimmo, D. G., Watson, S. J., Kenny, S. A., … Bennett, A. F. 2011. Habitat or fuel? Implications of long-term, post-fire dynamics for the development of key resources for fauna and fire. Journal of Applied Ecology, 48(1): 247~256.
Heft-Neal, S., Driscoll, A., Yang, W., Shaw, G., Burke, M. 2022. Associations between wildfire smoke exposure during pregnancy and risk of preterm birth in California. Environmental Research, 203: 111872.
Henderson, S. B., Brauer, M., Macnab, Y. C., Kennedy, S. M. 2011. Three measures of forest fire smoke exposure and their associations with respiratory and cardiovascular health outcomes in a population-based cohort. Environmental Health Perspectives, 119(9): 1266~1271.

Herring, J. R. 1985. Charcoal fluxes into sediments of the North Pacific Ocean: the Cenozoic record of burning. The carbon cycle and atmospheric CO_2: natural variations Archean to present. Geophysical Monograph series, 32: 419~442.

Hower, J., Scott, A. C., Hutton, A. C., Parekh, B. K. 1995. Coal: availability, mining and preparation, Encyclopaedia of energy technology and the environment. John Wiley and Sons.

Hradsky, B. A., Mildwaters, C., Ritchie, E. G., Christie, F., Di Stefano, J. 2017. Responses of invasive predators and native prey to a prescribed forest fire. Journal of Mammalogy, 98(3): 835~847.

Hudspith, V. A., Rimmer, S. M., Belcher, C. M. 2014. Latest Permian chars may derive from wildfires, not coal combustion. Geology, 42(10): 879~882.

Hughes, F., Vitousek, P. M., Tunison, T. 1991. Alien grass invasion and fire in the seasonal submontane zone of Hawaii. Ecology, 72(2): 743~747.

Huston, M. A. 1994. Biological diversity: the coexistence of species on changing landscapes. Cambridge University Press.

Huttunen, K., Siponen, T., Salonen, I., Yli-Tuomi, T., Aurela, M., Dufva, H. 2012. Low-level exposure to ambient particulate matter is associated with systemic inflammation in ischemic heart disease patients. Environmental Research, 116: 44~51.

Ignotti, E., Valente, J. G., Longo, K. M., Freitas, S. R., Hacon, S. D. S., Artaxo Netto, P. 2010. Impact on human health of particulate matter emitted from burnings in the Brazilian Amazon region. Revista de Saúde Pública, 44: 121~130.

Johnston, F. H., Borchers-Arriagada, N., Morgan, G. G., Jalaudin, B., Palmer, A. J., Williamson, G. J., Bowman, D. M. 2021. Unprecedented health costs of smoke-related PM 2.5 from the 2019~20 Australian megafires. Nature Sustainability, 4: 42~47.

Jones, G. M., Kramer, H. A., Whitmore, S. A., Berigan, W. J., Tempel, D. J., … Peery, M. Z. 2020. Habitat selection by spotted owls after a megafire reflects their adaptation to historical frequent-fire regimes. Landscape Ecology, 35: 1199~1213.

Joosten, H. 2015. Peatlands, climate change mitigation and biodiversity conservation: an issue brief on the importance of peatlands for carbon and biodiversity conservation and the role of drained peatlands as greenhouse

gas emission hotspots. Nordic Council of Ministers.
Keeley, J. E., Fotheringham, C. J., Morais M. 1999. Reexamining fire suppression impacts on brushland fire regimes. Science, 284(5421): 1829~1832.
Keeley, J. E. 1987. Role of fire in seed germination of woody taxa in California chaparral. Ecology, 68(2): 434~443.
Keeley, J. E., Bond, W. J., Bradstock, R. A., Pausas, J. G., Rundel, P. W. 2012. Fire in Mediterranean ecosystems: ecology, evolution and management. Cambridge University Press.
Kelly, L. T., Nimmo, D. G., Spence-Bailey, L. M., Taylor, R. S., Watson, S. J., … Clarke, M. F. 2012. Managing fire mosaics for small mammal conservation: a landscape perspective. Journal of Applied Ecology, 49(2): 412~421.
Kiel, N. G., Turner, M. G. 2022. Where are the trees? extent, configuration, and drivers of poor forest recovery 30 years after the 1988 Yellowstone fires. Forest Ecology and Management, 524: 120536.
Kim, M., Kraxner, F., Son, Y., Jeon, S. W., Shvidenko, A., … Lee, W. K. 2019. Quantifying impacts of national-scale afforestation on carbon budgets in South Korea from 1961 to 2014. Forests, 10(7): 579.
Kondo, M. C., De Roos, A. J., White, L. S., Heilman, W. E., Mockrin, M. H., … Burstyn, I. 2019. Meta-analysis of heterogeneity in the effects of wildfire smoke exposure on respiratory health in North America. International Journal of Environmental Research and Public Health, 16(6): 960.
Krebs, C. J. 1985. Ecology(3rd edition). Harper and Row.
La Page, S. E., Siegert, F., Rieley, J. O., Boehm, H. D. V., Jaya, A., Limin, S. 2002. The amount of carbon released from peat and forest fires in Indonesia during 1997. Nature, 420(6911): 61~65.
Lan, Z., Su, Z., Guo, M., Ernesto, C., Alvarado, E. C. … Wang, G. 2021. Are climate factors driving the contemporary wildfire occurrence in China? Forests, 12(4): 392.
Landres, P. B., Morgan, P., Swanson, F. J. 1999. Overview of the use of natural variability concepts in managing ecological systems. Ecological Applications, 9(4): 1179~1188.
Lee, S. Y., Park, H., Kim, Y. W., Yun, H. Y., Kim, J. K. 2011. The studies on relationship between forest fire characteristics and weather phase in Jeollanam-do Region. Agriculture and Life Science, 45(4): 29~35.

Lee, S. Y., Chae, H. M., Park, G. S., Ohga, S. 2012. Predicting the potential impact of climate change on people-caused forest fire occurrence in South Korea. Journal of Faculty of Agriculture Kyushu University, 57(1): 17~25.

Libonati, R., Belém, L. B. C., Rodrigues, J. A., Santos, F. L. M., Sena, C. A. P., … Carvalho, I. A. 2020. Sistema ALARMES - Alerta de área queimada Pantanal, situação atual - primeira semana de outubro de 2020. Rio de Janeiro: Laboratório de Aplicações de Satélites Ambientais-UFRJ.

Libonati, R., Da Camara, C. C., Peres, L. F., Sander de Carvalho, L. A., Garcia, L. C. 2020. Rescue Brazil's burning Pantanal wetlands. Nature, 588: 217~219.

Litt, A. R., Steidl, R. J. 2011. Interactive effects of fire and nonnative plants on small mammals in grasslands. Wildlife Monographs, 176(1): 1~31.

Litton, C. M., Santelices, R. 2003. Effect of wildfire on soil physical and chemical properties in a Nothofagus glauca forest, Chile. Revista Chilena de Historia Natural, 76(4): 529~542.

Liu, J. C., Pereira, G., Uhl, S. A., Bravo, M. A., Bell, M. L. 2015. A systematic review of the physical health impacts from non-occupational exposure to wildfire smoke. Environmental Research, 136: 120~132.

Liu, Y., Stanturf, J., Goodrick, S. 2010. Trends in global wildfire potential in a changing climate. Forest Ecology and Management, 259(4): 685~697.

Longyi, S., Hao, W., Xiaohui, Y., Jing, L., Mingquan, Z. 2012. Paleo-fires and atmospheric oxygen levels in the latest Permian: evidence from maceral compositions of coals in Eastern Yunnan, Southern China. Acta Geologica Sinica-English Edition, 86(4): 949~962.

Collins, L., Bennett, A. F., Leonard, S. W., Penman, T. D. 2019. Wildfire refugia in forests: Severe fire weather and drought mute the influence of topography and fuel age. Global Change Biology, 25(11): 3829~3843.

Machado-Silva, F., Libonati, R., de Lima, T. F. M., Peixoto, R. B., de Almeida França, J. R., … Da Camara, C. C. 2020. Drought and fires influence the respiratory diseases hospitalizations in the Amazon. Ecological Indicators, 109: 105817.

Mega, E. R. 2020. 'Apocalyptic' fires are ravaging a rare tropical wetland. Nature, 586(7827): 20~21.

Mell, W., Maranghides, A., McDermott, R., Manzello, S. L. 2009. Numerical simulation and experiments of burning Douglas fir trees. Combustion and Flame, 156(10): 2023~2041.

Moody, J. A., Ebel, B. A., Nyman, P., Martin, D. A., Stoof, C., McKinley, R. 2015. Relations between soil hydraulic properties and burn severity. International Journal of Wildland Fire, 25(3): 279~293.

Moore, J. 2000. Forest fire and human interaction in the early Holocene woodlands of Britain. Palaeogeography, Palaeoclimatology, Palaeoecology, 164(1~4): 125~137.

Moritz, M. A., Parisien, M. A., Batllori, E., Krawchuk, M. A., Van Dorn, J., Ganz, D. J., Hayhoe, K. 2012. Climate change and disruptions to global fire activity. Ecosphere, 3(6): 1~22.

Mowat, E. J., Webb, J. K., Crowther, M. S. 2015. Fire-mediated niche-separation between two sympatric small mammal species. Austral Ecology, 40(1): 50~59.

Mutch, R. W., Arno, S. F., Brown, J. K., Carlson, C. E., Ottmar, R. D., Peterson, J. L. 1993. Forest health in the Blue mountains: a management strategy for fire-adapted ecosystems. USDA.

National Park Service. 2004. 2004 Update of the 1992 wildland fire management plan. National Park Service.

National Wildfire Coordinating Group(NWCG). 2010. Handline techniques, NWCG instructor guide. NWCG.

Navarro, K. M., Kleinman, M. T., Mackay, C. E., Reinhardt, T. E., Balmes, J. R., … Broyles, G. A. 2019. Wildland firefighter smoke exposure and risk of lung cancer and cardiovascular disease mortality. Environmental Research, 173: 462~468.

NIFC(National Interagency Fire Center). 2021. Incident management situation report. NIFC.

NSWRFS(New South Wales Rural Fire Service). 2021. Annual report. NSWRFS.

Oberberger, I., Thek, G. 2004. Physical characterization and chemical composition of densified biomass fuels with regard to their combustion behaviour. Biomass and Bioenergy, 27(6): 653~669.

Overpeck, J. T., Rind, D., Goldberg, R. 1990. Climate-induced changes in forest disturbance and vegetation. Nature, 343(6253): 51~53.

Pausas, J. G. 2019. Generalized fire response strategies in plants and animals. Oikos, 128(2): 147~153.

Penman, T. D., Towerton, A. L. 2008. Soil temperatures during autumn prescribed burning: implications for the germination of fire responsive species? International Journal of Wildland Fire, 17(5): 572~578.

Peres, C. A. 1999. Ground fires as agents of mortality in a Central Amazonian forest. Journal of Tropical Ecology, 15(4): 535~541.

Pickett, S., White, P. 1985. The ecology of natural disturbance and patch dynamics. Academic Press.

Pingree, M. R., Kobziar, L. N. 2019. The myth of the biological threshold: a review of biological responses to soil heating associated with wildland fire. Forest Ecology and Management, 432: 1022~1029.

Pyne, S. J., Andrews, P. L., Laven, R. D. 1996. Introduction to wildland fire. John Wiley and Sons.

Reid, C. E., Brauer, M., Johnston, F. H., Jerrett, M., Balmes, J. R., Elliott, C. T. 2016. Critical review of health impacts of wildfire smoke exposure. Environmental Health Perspectives, 124(9): 1334~1343.

Rhen, C., Ohman, M., Gref, R., Wasterlund, I. 2007. Effect of raw material composition in woody biomass pellets on combustion characteristics. Biomass and Bioenergy, 31(1): 66~72.

Robichaud, P. R., Wagenbrenner, J. W., Pierson, F. B., Spaeth, K. E., Ashmun, L. E., Moffet, C. A. 2016. Infiltration and interrill erosion rates after a wildfire in western Montana, USA. Catena, 142: 77~88.

Robinne, F. N., Hallema, D. W., Bladon, K. D., Buttle, J. M. 2020. Wildfire impacts on hydrologic ecosystem services in North American high-latitude forests: a scoping review. Journal of Hydrology, 581: 124360.

Robinson, J. M. 1991. Phanerozoic atmospheric reconstructions: a terrestrial perspective. Palaeogeography, Palaeoclimatology, Palaeoecology, 97(1~2): 51~62.

Robinson, N. M., Leonard, S. W. J., Ritchie, E. G., Bassett, M., Chia, E. K., … Clarke, M. F. 2013. Refuges for fauna in fire-prone landscapes: their ecological function and importance. Journal of Applied Ecology, 50(6): 1321~1329.

Sandberg, D. V., Ottmar, R. D., Cushon, G. H. 2001. Characterizing fuels in the 21st Century. International Journal of Wildland Fire, 10(4): 381~387.

Sankey, J. B., Kreitler, J. R., Hawbaker, T. J., McVay, J. L., Miller, M. E., … Sankey, T. T. 2017. Climate, wildfire, and erosion ensemble foretells more sediment in western USA watersheds. Geophysical Research Letters, 44(17):

8884~8892.
Scott, A. C. 2000. The Pre-Quaternary history of fire. Palaeogeography, palaeoclimatology, palaeoecology, 164(1~4): 281~329.
Scott, J. H., Reinhardt. E. D. 2001. Assessing crown fire potential by linking models of surface and crown fire behavior. USDA.
Silva Junior, C. H., Aragão, L. E., Fonseca, M. G., Almeida, C. T., Vedovato, L. B., Anderson, L. O. 2018. Deforestation-induced fragmentation increases forest fire occurrence in central Brazilian Amazonia. Forests, 9(6): 305.
Silva, C. V., Aragão, L. E., Young, P. J., Espirito-Santo, F., Berenguer, E., … Barlow, J. 2020. Estimating the multi-decadal carbon deficit of burned Amazonian forests. Environmental Research Letters, 15(11): 114023.
Shaik, R. U., Laneve, G., Fusilli, L. 2022. An automatic procedure for forest fire fuel mapping using hyperspectral imagery: a semi-supervised classification approach. Remote Sensing, 14(5): 1264.
Shakesby, R. A. 2011. Post-wildfire soil erosion in the Mediterranean: review and future research directions. Earth Science Reviews, 105(3~4): 71~100.
Shakesby, R. A., Doerr, S. H. 2006. Wildfire as a hydrological and geomorphological agent. Earth Science Reviews, 74(3~4): 269~307.
Shearer, J. C., Moore, T. A., Demchuk, T. D. 1995. Delineation of the distinctive nature of Tertiary coal beds. International Journal of Coal Geology, 28(2~4): 71~98.
Shlisky, A., Alencar, A. A., Nolasco, M. M., Curran, L. M. 2009. Overview: Global fire regime conditions, threats, and opportunities for fire management in the tropics, Tropical Fire Ecology. Springer.
Silva, L. G., Doyle, K. E., Duffy, D., Humphries, P., Horta, A., Baumgartner, L. J. 2020. Mortality events resulting from Australia's catastrophic fires threaten aquatic biota. Global Change Biology, 26(10): 5345~5350.
Silver, T. 1990. A new face on the countryside: indians, colonists, slaves in South Atlantic forests. Cambridge University Press.
Silvério, D. V., Brando, P. M., Balch, J. K., Putz, F. E., Nepstad, D. C., … Bustamante, M. M. 2013. Testing the Amazon savannization hypothesis: fire effects on invasion of a neotropical forest by native cerrado and exotic pasture grasses. Philosophical Transactions of the Royal Society B: Biological Sciences, 368(1619): 20120427.
Slijepcevic, A., Anderson, W. R., Matthews, S., Anderson, D. H. 2018. An

analysis of the effect of aspect and vegetation type on fine fuel moisture content in eucalypt forest. International Journal of Wildland Fire, 27(3): 190~202.

Steel, Z. L., Campos, B., Frick, W. F., Burnett, R., Safford, H. D. 2019. The effects of wildfire severity and pyrodiversity on bat occupancy and diversity in fire-suppressed forests. Scientific Reports, 9(1).

Stillman, A. N., Lorenz, T. J., Fischer, P. C., Siegel, R. B., Wilkerson, R. L., ··· Johnson, M. 2021. Juvenile survival of a burned forest specialist in response to variation in fire characteristics. Journal of Animal Ecology, 90(5): 1317~1327.

Stott, P. 2000. Combustion in tropical biomass fires: a critical review. Progress in Physical Geography, 24(3): 355~377.

Tan, W. C., Qui, D., Liam, B. L., Ng, T. P., Lee, S. H., ··· Hogg, J. C. 2000. The human bone marrow response to acute air pollution caused by forest fires. American Journal of Respiratory and Critical Care Medicine, 161(4): 1213~1217.

Tan, Z., Han, Y., Cao, J., Huang, C. C., An, Z. 2015. Holocene wildfire history and human activity from high-resolution charcoal and elemental black carbon records in the Guanzhong Basin of the Loess Plateau, China. Quaternary Science Reviews, 109: 76~87.

Thomas, B. M., Willink, R. J., Grice, K., Twitchett, R. J., Purcell, R. R., ··· Barber, C. J. 2004. Unique marine Permian - Triassic boundary section from Western Australia. Australian Journal of Earth Sciences, 51(3): 423~430.

Toukiloglo, P., Eftychidis, G., Gitas, I., Tompoulidon, M. 2013. ArcFuel methodology for mapping forest fuel in Europe. First international conference on remote sensing and geoinformation of the environment.

Tulloch, A. I., Pichancourt, J. B., Gosper, C. R., Sanders, A., Chadès, I. 2016. Fire management strategies to maintain species population processes in a fragmented landscape of fire-interval extremes. Ecological Applications, 26(7): 2175~2189.

Turetsky, M. R., Benscoter, B., Page, S., Rein, G., Van der Werf, G. R., Watts, A. 2015. Global vulnerability of peatlands to fire and carbon loss. Nature Geoscience, 8(1): 11~14.

Uhl, D., Jasper, A., Abu Hamad, A. M. B., Montenari, M. 2008. Permian and Triassic wildfires and atmospheric oxygen levels. Ecosystems, 9:179~187.

UNEP. 2022. Wildfire spreading like wildfire - The rising threat of extraordinary landscape fires. UNEP.

Urák, I., Hartel, T., Gallé, R., Balog, A. 2017. Worldwide peatland degradations and the related carbon dioxide emissions: the importance of policy regulations. Environmental Science and Policy, 69: 57~64.

USDA Forest Service. 2022. Confronting the wildfire crisis. USDA.

Vajda, V., McLoughlin, S., Mays, C., Frank, T. D., Fielding, C. R., … Nicoll, R. S. 2020. End-Permian(252 Mya) deforestation, wildfires and flooding-an ancient biotic crisis with lessons for the present. Earth and Planetary Science Letters, 529: 115875.

Van Wilgen, B. W., Govender, N., Biggs, H. C., Ntsala, D., Funda, X. N. 2004. Response of savanna fire regimes to changing fire-management policies in a large African national park. Conservation Biology, 18(6): 1533~1540.

Victorian Auditor-General. 2020. Reducing bushfire risks. Victorian Auditor-General's Office.

Watson, A., Lovelock, J. E., Margulis, L. 1978. Methanogenesis, fires and the regulation of atmospheric oxygen. Biosystems, 10(4): 293~298.

Whittaker, R. H. 1965. Dominance and diversity in land plant communities: numeric relations of species express the importance of competition in community function and evolution. Science, 147(3655): 250~260.

Willcox, W. W. 1978. Review of literature on the effects of early stages of decay on wood strength. Wood and Fiber Science, 9(4): 252~257.

Wittenberg, L. 2012. Post-fire soil ecology: properties and erosion dynamics. Israel Journal of Ecology and Evolution, 58(2~3): 151~164.

Won, M. S., Jang, K. C., Yoon, S. H. 2018. Development of the national integrated daily weather index(DWI) model to calculate forest fire danger rating in the spring and fall. Korean Journal of Agricultural and Forest Meteorology, 20(4): 348~356.

Wu, C., Venevsky, S., Sitch, S., Mercado, L. M., Huntingford, C., Staver, A. C. 2021. Historical and future global burned area with changing climate and human demography. One Earth, 4(4): 517~530.

Zackrisson, O., Nilsson, M. C., Wardle, D. A. 1996. Key ecological function of charcoal from wildfire in the boreal forest. Oikos(7): 10~19.

Zak, D. R., Denton, D. K. 1998. Forest ecology. John Wiley and Sons.

Zituni, R., Wittenberg, L., Malkinson, D. 2019. The effects of post-fire forest management on soil erosion rates 3 and 4 years after a wildfire, demonstrated on the 2010 Mount Carmel fire. International Journal of Wildland Fire, 28(5): 377~385.

Zhou, X., Josey, K., Kamareddine, L., Caine, M. C., Liu, T., ··· Dominici, F. 2021. Excess of COVID-19 cases and deaths due to fine particulate matter exposure during the 2020 wildfires in the United States. Science Advances, 7(33): eabi8789.

Zubkova, M., Boschetti, L., Abatzoglou, J. T., Giglio, L. 2019. Changes in fire activity in Africa from 2002 to 2016 and their potential drivers. Geophysical Research Letters, 46(13): 7643~7653.

온라인

국가기록원. 산림녹화. https://theme.archives.go.kr/next/forest/viewMain.do

국가기후위기적응센터. https://kaccc.kei.re.kr/home/

국립문화재연구원. 문화유산 연구지식포털. https://portal.nrich.go.kr/kor/index.do

국사편찬위원회. 오방색의 사상과 전통. http://contents.history.go.kr/front/km/view.do?levelId=km_012_0050_0030_0010

국사편찬위원회. 우리역사넷. http://contents.history.go.kr/front/

국사편찬위원회. 한국사데이터베이스-고려시대. https://db.history.go.kr/item/level.do?itemId=sg

기상청. 기후용어사전. http://www.climate.go.kr/home/index.php

문화재청. 우주와 인간 질서를 상징하는 색, 오방색. https://www.cha.go.kr/cop/bbs/selectBoardArticle.do?nttId=6168&bbsId=BBSMSTR_100

산림청. 2014. 맞춤형 조림지도. 산림공간정보서비스 홈페이지. https://www.forest.go.kr/newkfsweb/kfs/idx/SubIndex.do?orgId=fgis&mn=KFS_03_08_01

산림청. 아시아산림협력기구.. https://forest.go.kr/kfsweb/kfi/kfs/cms/cmsView.do?mn=NKFS_02_14_01_04&cmsId=FC_003544

전곡선사박물관. 불의 발견과 사용. https://jgpm.ggcf.kr/

정보통신기술협회. 정보통신용어사전. http://word.tta.or.kr/main.do

정하영. 철강과 인문학-철과 인간의 만남. http://www.ferrotimes.com/news/articleView.html?idxno=3599

충북산림과학박물관. 고려시대 임업의 역사. https://db.history.go.kr/KOREA/
태백석탄박물관. 석탄의 생성-최초의 기록. https://www.taebaek.go.kr/coalmuseum/contents.do?key=1061
한국학중앙연구원. 한국민족문화대백과사전 '불'. https://encykorea.aks.ac.kr/
환경부. 기후변화 홍보 포털. https://www.gihoo.or.kr/portal/kr/main/index.do
Australian Disaster Resilience Knowledge Hub. 2021.An integrated system to protect Australia from catastrophic bushfires. https://knowledge.aidr.org.au/
Canada Government. https://www.canada.ca/en.html
Texas Weather connection. https://twc.tamu.edu/
U.S. National Park Service. Wildland Fire: Cultural Interpretations of Fire and Human Use. U.S. https://www.nps.gov/articles/wildland-fire-human-use-and-cultural-interpretations.ht
World Bank. 2020. World Bank Policy Note: Managing Wildfire in a Changing Climate, March 2020. Washington, DC. https://www.worldbank.org/en/home

이창배
국민대학교 산림환경시스템학과 교수

서울대학교에서 산림자원학을
전공하고 동 대학원에서 석사 학위를,
충남대학교에서 산림생태학 박사 학위를
받았다. 2019년부터 국민대학교 교수로
재직하고 있으며, 산림 생물다양성 분포
패턴과 제어인자 그리고 생물다양성과
탄소 흡수 기능을 동시에 증진시키기 위한
산림관리기술 개발을 연구하고 있다.
산불에 대한 세간의 오해와 무분별하게
확산되는 잘못된 정보에 대해 과학적인
근거에 기반한 객관적 사실을 제공하고
산불의 역사, 현재 그리고 미래의 산불
연구와 정책 방향에 기여하기를 바라며
이 책을 기획했다.

권춘근
국립산림과학원 산불·산사태연구과 연구사

한중대학교에서 환경공학을 전공하고,
강원대학교 대학원에서 석사와
박사 학위를 받았다. 2015년부터
국립산림과학원에서 산불 진화 기술
개발과 산불 원인 조사·감식 업무를
담당하고 있다.
이 책에서는 일반화재와 산불을
비교하고 국가별 산불 관리 조직을
설명하여 산불 관리 체계에 대한 이해를
제고하고자 하였다.

강원석
국립산림과학원 산림생태연구과 연구사

경상대학교에서 산림자원학을 전공하고, 동 대학원에서 석사와 박사 학위를 받았다. 2015년부터 국립산림과학원에 재직하고 있으며, 산불피해지 복원 프로세스(계획/실행/모니터링)에 필요한 요소 기술 및 복원 기술을 개발하고 있다.
이 책에서는 인공복구와 자연복원지의 생태계 변화를 서술하고, 적절한 산불 피해지 복원 방법과 피해목 활용 방안을 소개했다.

김은숙
국립산림과학원 산림생태연구과 연구사

서울대학교에서 환경계획학을 전공하고 산림생태계시스템 모형 연구로 박사 학위를 받았다. 2012년부터 국립산림과학원에서 소나무림 보전·관리 연구와 기후변화가 산림생태계에 미치는 영향 및 적응 방안을 연구하고 있다.
이 책에서는 소나무림이 제공하는 다양한 혜택을 소개하고 소나무림과 산불 관리 양립방안을 제안하였다.

김성용
국립산림과학원 산불·산사태연구과 연구사

공주대학교에서 산림과학을 전공하고, 동 대학원에서 산림환경학 석사와 박사 학위를 받았다. 2014년부터 국립산림과학원에서 재직하며 산불 행동 기작을 구명하고 산불 확산 예측 알고리즘과 연료 모델을 개발하고 있다.
이 책에서는 국내외 산불 연료 모델을 소개하고 확산 예측과 예보 시스템에서 연료 모델의 중요성에 관하여 서술하였다.

류주열
국립산림과학원 산불·산사태연구과 연구원

경기대학교에서 토목공학을 전공하고 석사 학위를 받았으며, 광운대학교에서 재난안전공학으로 박사 학위를 받고 산림연료 처리(처방화입)에 의한 산불 위험 저감 연구를 하고 있다.
2021년부터 국립산림과학원에서 산불 진화 효율 증대를 위한 산불 지연제, 압축 에어로졸, 드론 소화탄 등의 지상 진화 전략, 진화 약제 및 진화 장비 개발 연구를 수행하고 있다.
이 책에서는 국내외 산불 진화 체계를 비교하고, 산불 진화 현장의 첨단기술을 소개하였다.

노남진
강원대학교 산림과학부 교수

고려대학교에서 산림자원환경학을 전공하고, 동 대학원에서 산림생태학 석사, 환경생태공학 박사 학위를 받았다. 2021년부터 강원대학교에서 기후변화와 산림시업에 따른 산림생태계 물질순환을 연구하고 있다. 이 책에서는 숲가꾸기 현황과 숲가꾸기로 인한 산불 저감 효과를 설명하고자 하였다.

박주원
경북대학교 산림과학·조경학부 임학 전공 교수

서울대학교에서 산림자원학을 전공하고 동 대학원에서 석사 학위를, 미국 워싱턴대학교(University of Washington)에서 산림자원학 박사 학위를 받았다. 2012년부터 경북대학교 교수로 재직하고 있으며, GIS/RS와 같은 첨단 원격탐사기술 등을 산림경영 분야에 접목하는 연구를 하고 있다. 이 책에서는 국내 대형 산불을 소개하고 그로 인한 사회·경제적 피해를 설명하였다.

박병배
충남대학교 산림환경자원학과 교수

서울대학교에서 산림자원학을 전공하고 동 대학원에서 석사 학위를, 미국 뉴욕주립대학교(State University of New York College of Environmental Science and Forestry)에서 생태계관리학 박사를 받았다. 2014년부터 충남대학교 교수로 재직하며 기후변화와 지속가능한 산림 관리를 위한 다양한 산림생태계별 물질순환을 연구하고 있다. 이 책에서는 산불 연료 관리, 즉 산불을 방지하기 위한 숲가꾸기의 당위성을 총괄하여 서술하였다.

안영상
전남대학교 산림자원학과 교수

전남대학교에서 임학을 전공하고 동 대학원에서 석사 학위를, 일본 홋카이도대학교(Hokkaido University)에서 산림보전학 박사 학위를 받았다. 2011년부터 전남대학교 교수로 재직 중이며, 친환경 산림환경보전과 지속가능한 산림자원 이용을 위한 기술 개발을 연구하고 있다. 이 책에서는 산불 피해지 복원 및 피해목 활용에 대한 가능성을 총괄하여 서술하였다.

서경원

국립산림과학원 산불·산사태연구과 연구관

고려대학교에서 환경생태공학을 전공하고, 동 대학원에서 석사와 박사 학위를 받았다. 2009년부터 국립산림산림과학원에서 산불 예방 및 통합적 산불 관리 체계를 연구하고 있다.
이 책에서는 산불이 생태계와 인간에 미치는 영향과 피해를 총괄하여 서술하였다.

이선주

국립산림과학원 산불·산사태연구과 연구원

공주대학교에서 산림과학을 전공하고, 동 대학원에서 산림경영학 석사 학위와 박사 학위를 받았다. 2020년부터 국립산림과학원에서 산불 피해저감 숲 관리를 연구하고 있다.이 책에서는 산불 연료를 소개하고 산불 피해 저감 숲 관리의 효과를 설명하였다.

우수영

서울시립대학교 환경원예학과 교수

서울대학교에서 임학을 전공, 동 대학원에서 석사 학위를 받았으며 미국 워싱턴대학교(University of Washington)에서 식물생태학 박사 학위를 받았다. 2002년부터 서울시립대학교 교수로 재직하면서 스트레스 환경에서 수목이 어떻게 반응하는지 등 수목과 식물생리학 분야를 연구하고 있다.
이 책에서는 산불의 역사와 종류를 소개하고 산불 관리를 위한 제언을 정리하였다. 또한 한국산림과학회 25대 회장으로 책의 기획과 집필 활동을 지원하였다.

임주훈

㈔한국산림복원협회 회장

고려대학교에서 임학을 전공하고 동 대학원에서 석사 학위와 농학 박사 학위를 받았다. 2017년까지 국립산림과학원에서 산림 복원 연구를 수행하였으며, 2019년부터 ㈔한국산림복원협회에서 산불 피해지 등 산림훼손지의 산림복원기법 및 전략에 대해 연구하고 있다.
이 책에서는 소나무와 인간의 공생, 그리고 산불 관리와의 양립에 대해 총괄하여 서술하였다.

이예은

국립산림과학원 산불·산사태연구과 연구사

순천대학교에서 산림자원학을 전공하고 서울대학교 대학원에서 석사 학위를 받았다. 2019년부터 국립산림과학원에서 산불 연소 실험을 수행하고 있다.
이 책에서는 산불이 자연생태계와 인간에 미치는 영향에 대한 국외 사례를 정리하고 서술하였다.

채희문

강원대학교 산림보호학과 교수

강원대학교에서 산림과학을 전공하고, 동 대학원에서 산림환경보호학 석사와 박사 학위를 받았다. 2012년부터 강원대학교에 재직하고 있으며, 산불 최소화 방안을 제시하기 위해 산불 행동과 원인, 그리고 산불이 산림생태계에 미치는 영향을 연구하고 있다.
이 책에서는 국내외 산불 발생과 예방·진화 동향을 총괄하여 서술하였다.

장미나

한국산불방지기술협회 산불연구실 실장

공주대학교에서 산림자원학을 전공하고, 동 대학원에서 석사와 박사 학위를 받았다. 2017년부터 한국산불방지기술협회에 재직하고 있으며, 산불 위험지와 피해지를 조사하여 산불 방지 장기대책수립을 위한 연구를 하고 있다.
이 책에서는 산불 정책의 흐름과 산불 예방·대응·진화 정책과 추진전략, 그리고 앞으로의 발전 방향까지 총괄하여 서술하였다.

이해인

국민대학교 기후기술융합학과 박사 과정

국민대학교에서 임학을 전공하고 동 대학원에서 산림자원학 석사 학위를 받고, 2022년부터 기후기술융합학과에서 산림의 생물다양성과 탄소 흡수 기능 간의 연계성을 연구하고 있다.
이 책에서는 산불의 역사와 종류 그리고 산불 진화 기술을 정리하고 서술하였다.

한시호

충남대학교 농업과학연구소 연구원

충남대학교에서 산림자원학을 전공하고, 동 대학원에서 산림환경자원학 석사와 박사 학위를 받았다. 2022년부터 충남대학교 농업과학연구소에서 지속가능한 산림생태계 관리를 연구하고 있다.
이 책에서는 국내 숲가꾸기 현황과 기술을 정리하고 서술하였다.

한송희

강원대학교 산림보호학과 연구원

강원대학교에서 산림환경보호학 석사 학위를 받았으며, 산불 조심기간 산림 연료 수분 함량과 기상인자 간의 관계를 연구하고 있다.
이 책에서는 산불 발생과 예방·진화에 대한 국내외 사례를 정리하고 서술하였다.

산불 관리의 과학적 근거

1판 1쇄 2023년 4월 30일

지은이 이창배 강원석 권춘근 김성용 김은숙 노남진 류주열 박병배 박주원 서경원 안영상 우수영 이선주 이예은 임주훈 장미나 채희문 한시호 이해인 한송희

편집 이명제
디자인 김민정

펴낸이 이명제
펴낸곳 지을

출판등록 제2021-000101호
전화번호 070-7954-3323
홈페이지 www.jieul.co.kr
이메일 jieul.books@gmail.com

ISBN 979-11-976433-7-8 (93520)

이 책은 표지에 비닐코팅을 하지 않았으므로
종이류로 분리 배출할 수 있습니다.

슬기로운 지식을 담은 책
로운known
로운은 지을의
지식책 브랜드입니다.